Juan Ivorra Martínez
Jaume Gómez Caturla
Samuel Sánchez Caballero
Teodomiro Boronat Vitoria

Ejercicios prácticos de mecanizado CNC con Fagor 8055 y 8065: torno

edUPV

Universitat Politècnica de València

Colección Académica http://tiny.cc/edUPV_aca

© Juan Ivorra Martínez
Jaume Gómez Caturla
Samuel Sánchez Caballero
Teodomiro Boronat Vitoria

© 2024, edUPV
Venta: www.lalibreria.upv.es / Ref.: 0373_04_01_01

ISBN: 978-84-1396-190-3
Depósito Legal: V-718-2024

Imprime: Byprint Percom, S. L.

Índice

1
Fundamentos del mecanizado CNC

1.1. Introducción

El Control Numérico por Computadora (CNC) es un sistema gestionado por ordenador que permite controlar la posición de un elemento físico en todo momento. La accesibilidad económica y la mayor capacidad de cálculo de los ordenadores ha provocado que el uso del CNC se haya extendido a todo tipo de maquinaria, como tornos, fresadoras, impresoras 3D, máquinas de electroerosión...

En los procesos de mecanizado, el CNC se emplea para controlar máquinas como tornos o fresadoras CNC, permitiendo la producción de productos seriados personalizados para el cliente final. El procedimiento implica diseñar un programa con órdenes secuenciales que determinan la posición y rotación de la pieza o de la herramienta. El programa CNC, escrito en un lenguaje específico y estandarizado, se introduce en la máquina-herramienta, definiendo cada paso a seguir, desde posicionamiento relativo de la pieza y de la herramienta hasta la dirección y velocidad de avance.

La redacción del código CNC requiere habilidades que abarcan el dominio del lenguaje de programación, la comprensión del proceso de mecanizado y la creatividad del programador. La capacidad de control computarizado posibilita movimientos precisos, como curvas y figuras tridimensionales, que serían desafiantes manualmente. Las máquinas CNC son muy versátiles al ejecutar movimientos simultáneos en los tres ejes, lo que facilita la realización de trayectorias tridimensionales necesarias para el mecanizado de geometrías complejas como las de los moldes y matrices.

En entornos industriales, la automatización de las máquinas CNC optimiza el tiempo del personal y aumenta la productividad al prescindir de la intervención constante del operador. En la actualidad se está extendiendo el uso de software de programación CAM (Computer Aided Manufacturing) en el que se introduce un diseño en tres dimensiones y el software proporciona el código a introducir en la máquina-herramienta. Esto que parece un proceso sencillo, presenta inconvenientes que obliga a conocer la programación manual de las máquinas-herramientas. Ente los principales inconvenientes se encuentra la adaptación del código a los diferentes controladores disponibles en el mercado, lo que provoca una programación manual adicional para satisfacer requisitos específicos o solucionar problemas que el software no maneja correctamente. La introducción de nuevas herramientas o la actualización de máquinas pueden requerir modificaciones en los programas existentes. Por último, la falta de flexibilidad para adaptarse a cambios en el equipo puede generar problemas. Además, el software CAM puede generar trayectorias ineficientes, ralentizando y encareciendo los procesos de mecanizado.

Para abordar estos problemas, es esencial contar con una formación sólida en la programación manual de las máquina-herramienta, comprender las capacidades y limitaciones de las máquinas CNC, y tener conocimientos detallados sobre los materiales y procesos de mecanizado.

1.2. Programación manual

El código CNC abarca el conjunto de datos necesarios para que la máquina-herramienta realice el mecanizado de una pieza. Cada línea de código constituye lo que se conoce como un bloque, y cuyo conjunto de información se interpreta por controlador. El programa de mecanizado engloba todas las instrucciones esenciales para llevar a cabo el proceso. Un bloque de un programa puede contener funciones geométricas y funciones tecnológicas, lo que implica que un único bloque puede incluir varias instrucciones.

En sus inicios, el control numérico experimentó un desarrollo caótico de los códigos de programación, con cada fabricante desarrollando el suyo propio. Después, se comprendió la importancia de estandarizar estos códigos como un requisito fundamental para que un programa pudiera ser empleado en diferentes máquinas del mismo tipo. Esto llevó a la creación de la norma ISO 6983. Aunque esta norma proporciona una base común y establece estándares para la interoperabilidad, las máquinas herramienta de diferentes fabricantes suelen tener comandos particulares específicos para cada marca.

Esta variabilidad se debe a que cada fabricante ha desarrollado su propio conjunto de comandos y lenguaje de programación a lo largo del tiempo, evolucionando de manera independiente. Además, los fabricantes buscan destacarse al ofrecer características específicas en sus máquinas herramienta para obtener ventajas competitivas. A su vez, las máquinas-herramienta de cada fabricante presentan diferentes configuraciones técnicas y utilizan controladores específicos que requieren comandos particulares para aprovechar al máximo sus capacidades.

En este contexto, la presente colección de manuales proporciona una serie de ejercicios diseñados para los controladores FAGOR 8055, ampliamente utilizados en la industria, así como para el 8065, que es la evolución más reciente del fabricante.

1.3. Ejes de coordenadas

La designación de los ejes de coordenadas está normalizada de acuerdo con normativa ISO. Cada eje se identifica mediante una letra correspondiente a los ejes cartesianos (XYZ). Estos ejes se caracterizan por su linealidad, dado que el movimiento asociado es de naturaleza lineal. En casos de movimiento controlado de naturaleza rotativa, como en máquinas equipadas con platos divisores, la designación se realiza mediante las letras A, B, C, indicando el eje alrededor del cual se produce la rotación (X, Y o Z). La orientación positiva de los ejes se establece utilizando la regla de la mano derecha tal y como se muestra en la figura.

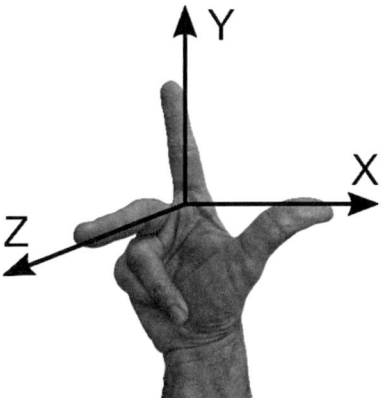

Figura 1.1. Regla de la mano derecha

Al ubicar los ejes de coordenadas en las máquinas herramienta se coloca se coloca el eje Z sobre el husillo principal de la máquina, que es el que proporciona la potencia de corte. En el torno, el husillo principal es responsable de impartir el movimiento de rotación a la pieza. En los tornos convencionales el eje de la pieza de revolución se coloca de manera horizontal y se hace girar la pieza en torno a él. Por lo tanto, el eje Z controla los movimientos horizontales de la herramienta, siendo positivo los movimientos que separan la herramienta del plato de garras y negativos los que la aproximan. Una vez se tiene el eje Z establecido, se definen los otros dos ejes: el eje X forma un plano horizontal con el eje Z, y el eje Y es perpendicular a ambos. La disposición de los tres ejes se muestra en la Figura 1.2 para facilitar la comprensión.

Figura 1.2. Ejes de movimiento en el torno paralelo

1.4. Estructura del programa

En programación CNC, las instrucciones se organizan en bloques de código. Un bloque típicamente consta de una o más líneas de código que proporcionan información específica para el mecanizado de una pieza. El formato básico de una línea o bloque de programación es el siguiente:

Tabla 1.1. Formato Básico de una línea de programación CNC

Orden	Información geométrica	Información tecnológica
Nxxx	Gxx Xx Yy Zz	Ff Ss Tt Mx

Orden

- Nxxx: Número de bloque. El número de bloque, aunque opcional, se utiliza comúnmente con el propósito de identificar y organizar las líneas de código. Sin embargo, la práctica actual tiende a evitar programar el número de bloque a menos que sea necesario para identificar un bloque en caso de repetición.

Información geométrica

Incluye coordenadas y movimientos que definen la forma y ubicación de las herramientas en relación con la pieza de trabajo.

- Gxx: Código de movimiento. Indica el tipo de movimiento que debe realizar la herramienta. Por ejemplo, G00 para desplazamiento rápido, G01 para movimiento lineal, etc.
- Xx Yy Zz: Coordenadas de posición. Especifican la posición actual de la herramienta en los ejes X, Y y Z.

Información tecnológica

Incluye parámetros y condiciones que afectan la operación de corte, como velocidades, avances, herramienta y funciones auxiliares.

- Ff: Velocidad de avance. Indica la velocidad a la que la herramienta se moverá durante un movimiento de corte. En torno se programa en milímetros por revolución.
- Ss: Velocidad de corte. Es la velocidad lineal relativa entre el punto de contacto de la herramienta y la pieza que está siendo mecanizada. Al tratarse de una velocidad lineal se programa en metros por minuto.
- Tt: Herramienta seleccionada.
- Mxx: Código de función auxiliar. Indica funciones adicionales, como iniciar o detener el husillo, etc.

En resumen, la información geométrica se centra en la posición y el movimiento de la herramienta con respecto a la pieza, mientras que la información tecnológica se centra en los parámetros de corte y las condiciones de la máquina. La combinación de ambas en un bloque de código CNC permite controlar de manera precisa la operación de mecanizado.

1.5. Herramientas

Los ejercicios del manual se han concebido para ser ejecutados con las siguientes herramientas En el mecanizado en torno CNC, la disponibilidad de información precisa sobre la geometría de las herramientas es fundamental. Esto asegura la precisión dimensional de las piezas, evita colisiones durante el proceso, optimiza las velocidades y avances de corte, y permite corregir desviaciones geométricas. Además, facilita una programación eficiente, contribuye a la selección adecuada de herramientas, y en conjunto, mejora la calidad, la eficiencia y la seguridad en la producción de piezas mecanizadas. Conociendo la geometría de las herramientas, se logra un mecanizado más preciso y eficiente.

Tabla 1.2. Dimensiones herramienta T01

Denominación	Descripción			
T01	Herramienta de cilindrado y refrentado de desbaste y acabado en exteriores a derechas.			
	Plaquita			
	Tipo	Rómbica	Anchura (A)	12 mm
	Ángulo de corte (α)	93º	Ángulo plaquita (β)	55º
	Longitud de corte (L_c)	10 mm		
	Portaherramientas			
	Ángulo	33º	Longitud	70 mm
	Separación X	2 mm	Anchura	20 mm
	Separación Z	3 mm		
	Correctores			
	Radio herramienta	0.4 mm	Código de forma	3

Tabla 1.3. Dimensiones herramienta T02

Denominación	Descripción			
T02	Herramienta de cilindrado y refrentado de desbaste y acabado en exteriores a derechas.			
	Plaquita			
	Tipo	Rómbica	Anchura (A)	12 mm
	Ángulo de corte (α)	93º	Ángulo plaquita (β)	55º
	Longitud de corte (Lc)	10 mm		
	Portaherramientas			
	Ángulo	33º	Longitud	70 mm
	Separación X	2 mm	Anchura	20 mm
	Separación Z	3 mm		
	Correctores			
	Radio herramienta	0.4 mm	Código de forma	1

Tabla 1.4. Dimensiones herramienta T03

Denominación	Descripción			
T03	Herramienta de ranurado con un ancho de 3 mm.			
	Plaquita			
	Tipo	Ranurado	Anchura (A)	3 mm
	Ángulo de corte (α)	90°	Ángulo plaquita (β)	90°
	Longitud de corte (Lc)	5		
	Portaherramientas			
	Ángulo	0°	Longitud	70 mm
	Separación X	7 mm	Anchura	6 mm
	Separación Z	1 mm		
	Correctores			
	Radio herramienta	0 mm	Código de forma	3

Tabla 1.5. Dimensiones herramienta T04

Denominación	Descripción			
T04	Broca de puntear			
	Broca			
	Tipo	Puntear	Diámetro nominal (D_c)	4 mm
	Diámetro mango (D_s)	10 mm	Número de filos Z	2
	Ángulo punta (α)	118°	Ángulo de avellanado (β)	60°
	Longitud punta (l)	5 mm	Longitud herramienta (L)	55 mm
	Correctores			
	Radio herramienta	0 mm	Código de forma	7

Tabla 1.6. Dimensiones herramienta T05

Denominación	Descripción			
T05	Broca de plaquitas $\varnothing$ 20 mm			
	Broca			
	Tipo	Broca	Diámetro nominal (D_c)	20 mm
	Diámetro mango (D_s)	25 mm	Diámetro valona (D_v)	32 mm
	Ángulo punta (α)	178°	Número de filos Z	2
	Longitud de corte (L_c)	100 mm	Longitud herramienta (L)	175 mm
	Correctores			
	Radio herramienta	0 mm	Código de forma	7

Tabla 1.7. Dimensiones herramienta T06

Denominación	Descripción			
T06	Herramienta de mandrinado			
	Plaquita			
	Tipo	Rómbica	Anchura (A)	9 mm
	Ángulo de corte (α)	95°	Ángulo plaquita (β)	80°
	Longitud de corte (L_c)	7 mm		
	Portaherramientas			
	Ángulo	30°	Longitud	120 mm
	Separación X	3 mm	Diámetro	10 mm
	Separación Z	2 mm		
	Correctores			
	Radio herramienta	0.1 mm	Código de forma	5

Tabla 1.8. Dimensiones herramienta T07

Denominación	Descripción			
T07	Broca de enteriza ⌀ 10 mm			
	Broca			
	Tipo	Broca	**Diámetro nominal (D$_c$)**	10 mm
	Diámetro mango (D$_s$)	10 mm	**Número de filos Z**	2
	Longitud de corte (Lc)	100 mm	**Longitud herramienta (L)**	175 mm
	Ángulo punta (α)	118°		
	Correctores			
	Radio herramienta	0 mm	**Código de forma**	7

Tabla 1.9. Dimensiones herramienta T08

Denominación	Descripción			
T08	Herramienta de roscado métrico de exteriores			
	Plaquita			
	Tipo	Roscado	**Anchura (Λ)**	9 mm
	Ángulo de corte (α)	60°	**Ángulo plaquita (β)**	60°
	Longitud de corte (L$_c$)	5 mm	**Profundidad (P)**	7 mm
	Portaherramientas			
	Ángulo	30°	**Longitud**	70 mm
	Separación X	3 mm	**Anchura**	12 mm
	Separación Z	2 mm		
	Correctores			
	Radio herramienta	0.1 mm	**Código de forma**	2

Tabla 1.10. Dimensiones herramienta T09

Denominación	Descripción			
T09	Herramienta de cilindrado y refrentado de desbaste en exteriores a derechas.			
	Plaquita			
	Tipo	Rómbica	Anchura (A)	12 mm
	Ángulo de corte (α)	93°	Ángulo plaquita (β)	80°
	Longitud de corte (L$_c$)	10 mm		
	Portaherramientas			
	Ángulo	33°	Longitud	70 mm
	Separación X	2 mm	Anchura	20 mm
	Separación Z	3 mm		
	Correctores			
	Radio herramienta	0.4 mm	Código de forma	3

Tabla 1.11. Dimensiones herramienta T10

Denominación	Descripción			
T10	Herramienta de tronzado con un ancho de 2.5 mm.			
	Plaquita			
	Tipo	Tronzado	Anchura (A)	2.5 mm
	Ángulo de corte (α)	90°	Ángulo plaquita (β)	90°
	Longitud de corte (L$_c$)	30		
	Portaherramientas			
	Ángulo	0°	Longitud	100 mm
	Separación X	7 mm	Anchura	8 mm
	Separación Z	1 mm		
	Correctores			
	Radio herramienta	0 mm	Código de forma	3

Tabla 1.12. Dimensiones herramienta T11

Denominación	Descripción			
T11	Herramienta de ranurado de interiores con un ancho de 2.5 mm.			
	Plaquita			
	Tipo	Tronzado	Anchura (A)	3 mm
	Ángulo de corte (α)	0°	Ángulo plaquita (β)	0°
	Longitud de corte (L$_c$)	6		
	Portaherramientas			
	Ángulo	0°	Longitud	120 mm
	Separación X	5 mm	Diámetro	7 mm
	Separación Z	0 mm		
	Correctores			
	Radio herramienta	0 mm	Código de forma	5

Tabla 1.13. Dimensiones herramienta T12

Denominación	Descripción			
T12	Herramienta de roscado métrico de interiores			
	Plaquita			
	Tipo	Roscado	Anchura (A)	10 mm
	Ángulo de corte (α)	150°	Ángulo plaquita (β)	60°
	Longitud de corte (L$_c$)	5 mm	Profundidad (P)	7 mm
	Portaherramientas			
	Ángulo	30°	Longitud	120 mm
	Separación X	3 mm	Diámetro	7 mm
	Separación Z	2 mm		
	Correctores			
	Radio herramienta	0.1 mm	Código de forma	5

2
Ejercicio 1
Refrentado manual

2.1. Objetivo

El objetivo de cada uno de los ejercicios de esta publicación es incorporar una nueva rutina de programación o un nuevo comando que permita que el lector gradualmente vaya conociendo mejor el lenguaje de programación CNC de Fagor. En este primer ejercicio se parte de cero, por lo que los objetivos que se proponen son muy variados.

Por un lado, se muestra cómo indicar las funciones preparatorias de todo programa de CNC, como son:

- Definir el bruto y el origen de la pieza.
- Determinar material sobrante.
- Programación de las condiciones de corte.
- Selección de herramienta y su posterior utilización.

Por otro lado, hay otros objetivos que están relacionados con el mecanizado de la pieza, como son:

- Trabajo en coordenadas absolutas.
- Secuencia de cambio de herramienta.
- Movimientos de aproximación y separación de herramienta en programación CNC.
- Movimientos rectilíneos de mecanizado de herramienta en programación CNC.
- Parada de cabezal y secuencia de fin de programa.

2.2. Geometría a obtener

La pieza a obtener es un cilindro de 40 mm de diámetro y 80 mm de longitud, es 4 mm más corta que el bruto de partida. Para alcanzar estas dimensiones se refrentan 2 mm por cada extremo de la pieza en bruto.

Figura 2.1. Geometría a obtener

2.3. Definición del bruto

El material de partida es un cilindro de aluminio en bruto de 84 mm de longitud y 40 mm de diámetro.

Para realizar la simulación es necesario definir el bruto en relación al cero de máquina (M), este punto en los tornos siempre se coloca en el eje de la pieza (X=0) y longitudinalmente suele situarse en la cara exterior de las garras. Para homogeneizar los ejercicios se va a considerar en todos los ejercicios que la longitud de la pieza que sujetan las garras es de 15 mm, ya que es una longitud suficiente para sostener las piezas propuestas dado que no son muy largas.

Tabla 2.1. Dimensiones del bruto

	Subfase 1		Subfase 2	
	Diámetro (mm)	**Longitud (mm)**	**Diámetro (mm)**	**Longitud (mm)**
	40	84	40	82
	X (mm)	**Z (mm)**	**X (mm)**	**Z (mm)**
Mínimo	0	-15	0	-15
Máximo	40	69	40	67

En la tabla anterior se muestra las dimensiones del bruto para las dos subfases y cómo se definirían para su simulación en máquina o en software de simulación. En la siguiente figura se muestra gráficamente las dimensiones del bruto de la primera subfase.

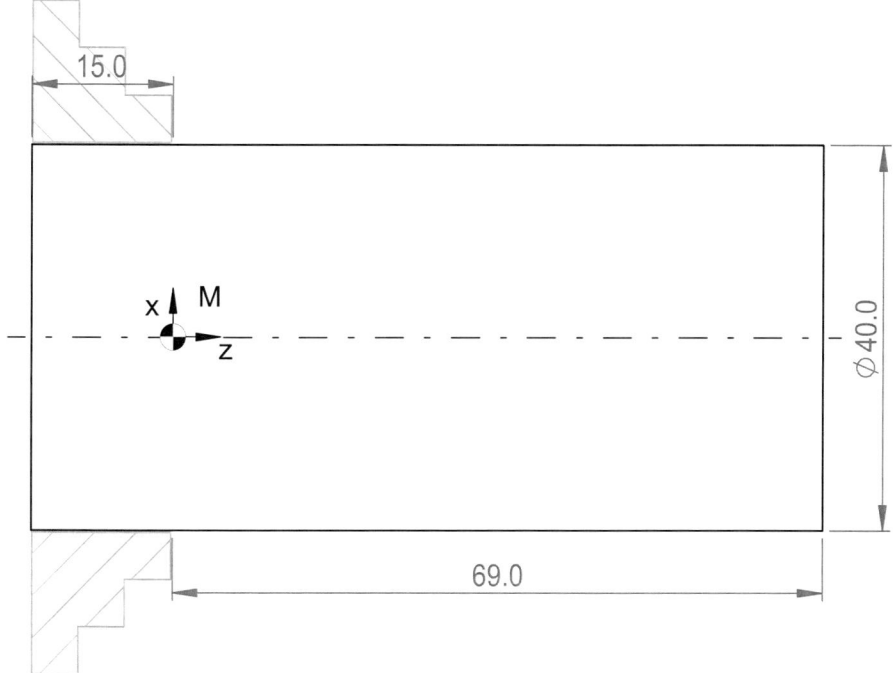

Figura 2.2. Definición del bruto de la subfase 1

El bruto de la subfase 2 es la pieza resultante de la primera subfase, como se puede observar en la siguiente figura, es dos milímetros más corto que el bruto inicial ya que ha sufrido un refrentado en la cara frontal que ahora se encuentra en el lado de las garras de sujeción.

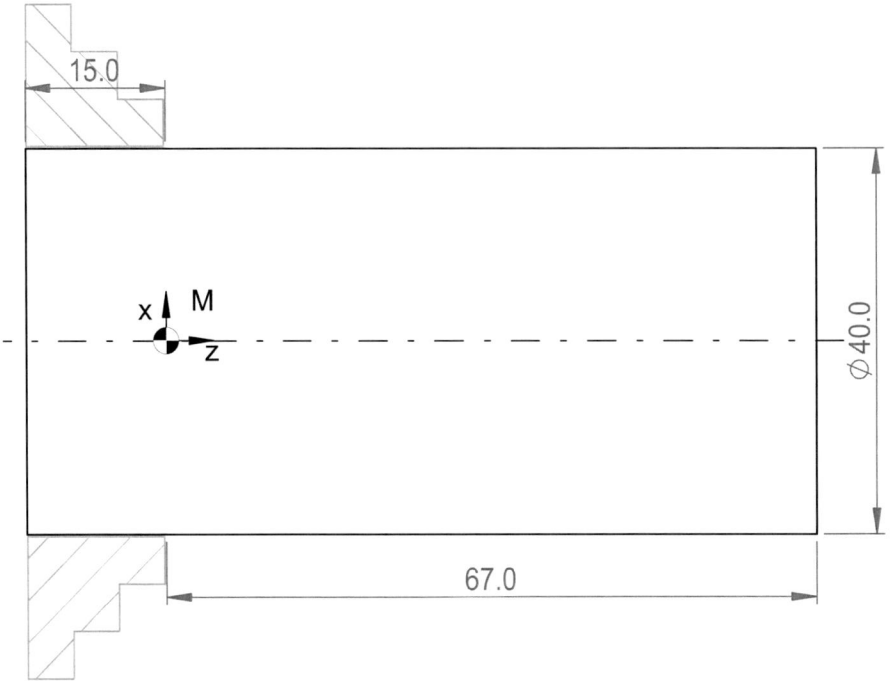

Figura 2.3. Definición del bruto de la subfase 2

2.4. Definición de orígenes

Para programar el mecanizado de una pieza es necesario definir el origen de pieza (W), que no coincide con el origen de máquina. El origen de pieza lo define el programador en un punto que le facilite la programación. En la programación de piezas de torno lo habitual es situarlo en el extremo de la pieza que se desea conseguir, de manera que el bloque en el que se programa el origen se debe modificar si la longitud del bruto varía, pero el resto del programa no es necesario alterarlo.

Tabla 2.2. Definición de origen de pieza

	Subfase 1		Subfase 2	
	X (mm)	Z (mm)	X (mm)	Z (mm)
G54 (8055) G159=1 (8065)	0	67	0	65

En las siguientes figuras se muestra la disposición del origen para las dos subfases y se representa el mecanizado a realizar.

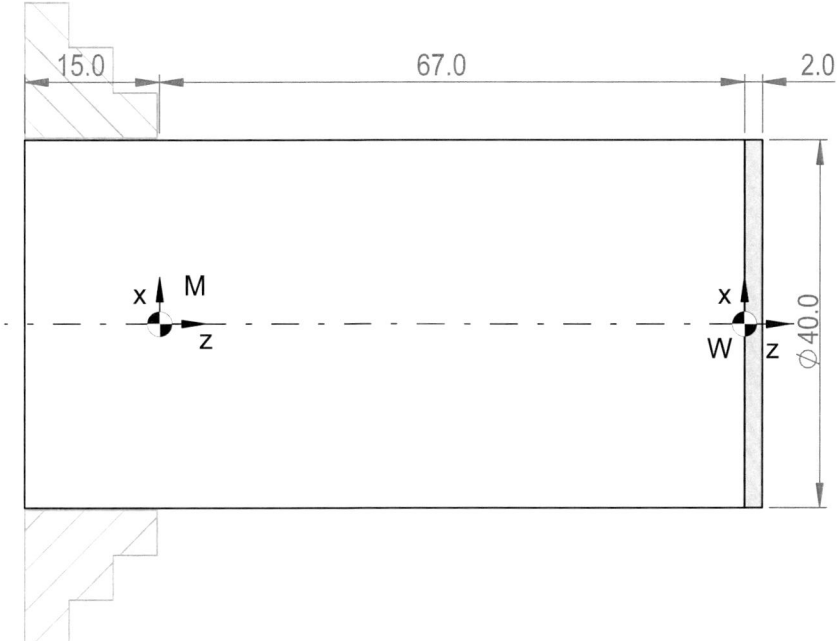

Figura 2.4. Mecanizado y origen de pieza de la subfase 1

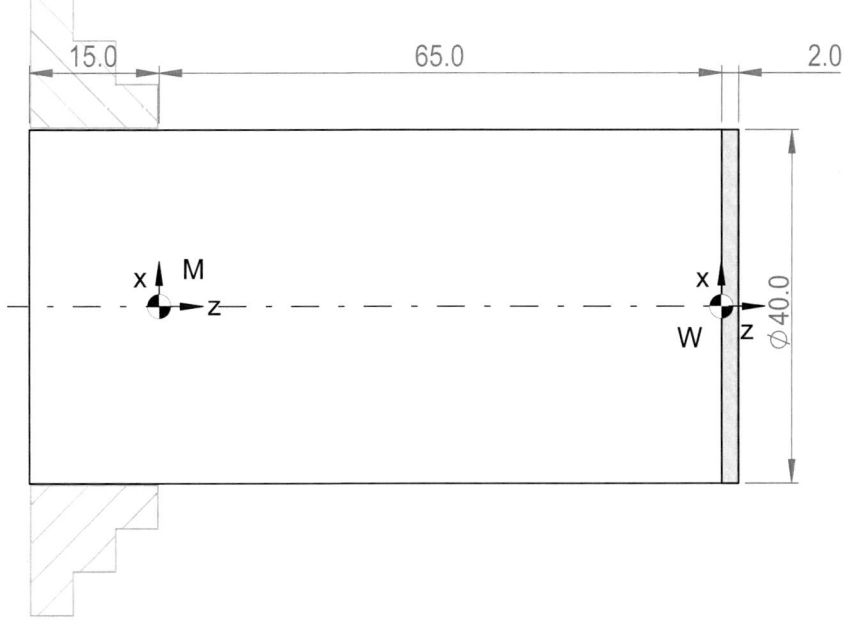

Figura 2.5. Mecanizado y origen de pieza de la subfase 2

2.5. Herramientas y condiciones de corte

En los primeros ejercicios se va a utilizar distintas herramientas para el desbaste y el acabado de manera que el lector conozca esta práctica y sea consciente de la necesidad del cambio de herramienta para conseguir un mejor acabado superficial. En posteriores ejercicios se realiza tanto el desbaste como el acabado con la misma herramienta para poder profundizar en la programación de rutinas.

Tabla 2.3. Herramientas y condiciones de corte

Descripción	Esquema	Operación	F (mm/rev)	S (m/min)	Prof. Pasada máx. (mm)	
					Eje X	Eje Z
T01 Cilindrado/ refrentado exteriores derecha		Acabado	0.05	300	0.5	0.2
T09 Cilindrado/ refrentado exteriores derecha		Desbaste	0.1	250	1.0	0.5

2.6. Hoja de proceso

La hoja de proceso resume las actividades propuestas para obtener la geometría deseada a partir del material en bruto. La hoja de proceso debe facilitar la comprensión del código CNC y permite conocer las operaciones se van a realizar sin necesidad de leer e interpretar todo el código del programa. Las actividades se codificarán en función de la fase, subfase y operación.

- Fases (F) son el conjunto de operaciones realizadas en una misma máquina o estación de trabajo. En este manual práctico todas las piezas se realizan en la misma máquina por lo que sólo tendrán una fase.

- Subfases (S) son el conjunto de operaciones realizadas en la pieza o producto de una misma atada o amarre en el utillaje.

- Operaciones (O) son el conjunto de actividades destinadas a obtener cada superficie mecanizada de la pieza con una misma calidad de acabado. Siempre se cambia de operación cuando se realiza un cambio de herramienta o varía la calidad de calidad de acabado (desbaste o acabado). Para cada operación, se debe identificar la herramienta de mecanizado utilizada.

Se ha incorporado un croquis que facilite la interpretación de la operación descrita.

Tabla 2.4. Hoja de proceso

F / S / O	Designación	Herram.	Croquis
1 / 1 / 1	Refrentado de desbaste en primer extremo de la pieza hasta una longitud de 82.2 mm.	T09	
1 / 1 / 2	Refrentado de acabado en primer extremo de la pieza hasta una longitud de 82 mm.	T01	
1 / 2 / 1	Refrentado de desbaste en el segundo extremo de la pieza hasta una longitud de 80.2 mm.	T09	
1 / 2 / 2	Refrentado de acabado en el segundo extremo de la pieza hasta una longitud de 80 mm.	T01	

2.7. Programación

En este apartado se presenta el código ISO para los controladores Fagor 8055T y 8065T. Para facilitar la interpretación del código, la primera vez que se utiliza un comando se añade un comentario, el comentario se encuentra en la línea de código tras un punto y coma. También se ha añadido bloques con un mensaje que aparecería en la pantalla del controlador CNC que indica el inicio de las distintas operaciones de la hoja de proceso. La utilización de mensajes no es aceptada en algunos simuladores por lo que si el lector intenta simular el código y presenta errores se recomienda colocarlos un punto y coma al inicio del bloque. Se recomienda el uso de mensajes, ya que cuando se mecaniza una pieza facilita mucho saber qué operación está realizando.

En la subfase 1 se realiza el desbaste y acabado de un extremo de la pieza ejecutando un refrentado, este se programa paso a paso sin utilizar ciclos fijos. En la tabla de condiciones de corte se indica que la profundidad de pasada máxima para refrentado de desbaste es de 0.5 mm y para la pasada de acabado es de 0.2 mm. En el desbaste se eliminan 1.8 mm y por lo tanto es necesario realizar 4 pasadas, las tres primeras de 0.5 de profundidad y la cuarta de 0.3 mm. Al finalizar el desbaste queda una demasía de 0.2 mm que se retira en una única pasada de acabado en la que se utiliza la herramienta T1 y se modifican las condiciones de corte disminuyendo la velocidad de avance y aumentando la velocidad de corte.

El mecanizado de la subfase 2 es igual que el de la subfase 1, para realizarlo únicamente hay que realizar dos cambios al programa. El primer cambio consiste en modificar las dimensiones del bruto de partida que se encuentran en el bloque 2 del programa.

El segundo cambio consiste en variar la ubicación del cero de pieza que se encuentra definido en el cuarto bloque.

2.7.1. FAGOR 8055T

2.7.1.1. Subfase 1

```
%Ej1_SUBFASE1,MX,
(DGWZ -15,69,0,40) ; Definición material bruto para simulación
(MSG "EJERCICIO1_SUBFASE1_8055T") ; Mensaje en pantalla
(ORGX54=0, ORGZ54=67) ; Definición cero de pieza
G54 ; Activación cero de pieza
(MSG "1 / 1 / 1")
T09 D09 ; Herramienta exterior desbaste
G95 G96 F0.1 S250 M03 ; Condiciones de corte para desbaste
G00 G90 X42 Z1.5 ; Aproximación de herramienta a bruto para 1ª pasada
G01 X-1 ; Mecanizado de la primera pasada de desbaste
G00 X42 Z3 ; Retirada de la herramienta
Z1
G01 X-1 ; Segunda pasada desbaste
G00 X42 Z3
Z0.5
G01 X-1 ; Tercera pasada desbaste
G00 X42 Z2
Z0.2
G01 X-1 ; Cuarta pasada desbaste
G00 X80 Z250 ; Separación del tambor de herramientas para el cambio
(MSG "1 / 1 / 2")
T01 D01 ; Selección de la herramienta exterior de acabado
G0 X42 Z0 F0.05 S300 ; Colocación para el acabado y definición de condiciones de corte
de acabado
G01 X-1
G00 X80 Z450 ; Separación de herramienta
M05 ; Parada cabezal
M30 ; Fin de Programa
```

2.7.1.2. Subfase 2

```
%Ej1_SUBFASE2,MX,
(DGWZ -15,67,0,40)  ; Definición material bruto subfase 2
(MSG "EJERCICIO1_SUBFASE2_8055T")
(ORGX54=0, ORGZ54=65)  ; Definición cero de pieza subfase 2
; el resto de los bloques son iguales a la subfase 1
```

2.7.2. FAGOR 8065T

2.7.2.1. Subfase 1

```
%EJERCICIO_1_TORNO_SUBFASE_1
#DGWZ CYL Z [-15,69,0,40] ; Definición material bruto para simulación
#MSG ["EJERCICIO1_SUBFASE1_8065T"] ; Mensaje en pantalla
V.A.ORGT[1].X=0 V.A.ORGT[1].Z=67 ; Definición cero de pieza
G159=1 ; Activación cero de pieza
#MSG ["1 / 1 / 1"]
T09 D01 ; Herramienta exterior desbaste
G95 G96 F0.1 S250 M03 ; Condiciones de corte para desbaste
G00 G90 X42 Z1.5 ; Aproximación de herramienta a bruto para 1ª pasada
G01 X-1 ; Mecanizado de la primera pasada de desbaste
G00 X42 Z3  ; Retirada de la herramienta
Z1
G01 X-1 ; Segunda pasada desbaste
G00 X42 Z3
Z0.5
G01 X-1 ; Tercera pasada desbaste
G00 X42 Z2
Z0.2
G01 X-1 ; Cuarta pasada desbaste
G00 X80 Z250 ; Separación del tambor de herramientas para el cambio
#MSG ["1 / 1 / 2"]
T01 D01 ; Selección de la herramienta exterior de acabado
G00 X42 Z0 F0.05 S300 ; Colocación para el acabado y definición de condiciones de corte
de acabado
G01 X-1
G00 X80 Z450 ; Separación de herramienta
```

```
M05  ; Parada cabezal
```
```
M30  ; Fin de Programa
```

2.7.2.2. Subfase 2

```
%EJERCICIO_1_TORNO_SUBFASE_2
```
```
#DGWZ CYL Z [-15,67,0,40]  ; Definición material bruto subfase 2
```
```
#MSG ["EJERCICIO1_SUBFASE2_8065T"]
```
```
V.A.ORGT[1].X=0 V.A.ORGT[1].Z=65  ; Definición cero de pieza subfase 2
```
```
; el resto de los bloques son iguales a la subfase 1
```

2.8. Geometría definitiva

La geometría obtenida tras el mecanizado es un cilindro al que se le han refrentado los dos extremos.

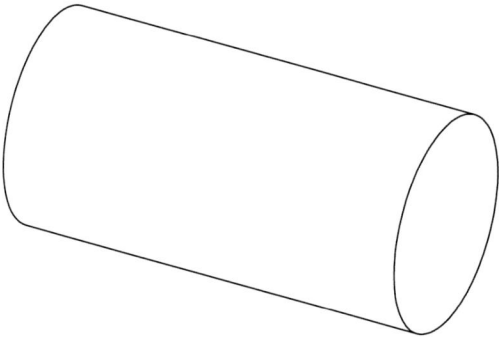

Figura 2.6. Pieza final

3
Ejercicio 2
Cilindrado manual
y con ciclo fijo

3.1. Objetivo

En el segundo ejercicio se introducen los movimientos paralelos de la herramienta en el eje longitudinal de la pieza, es decir la operación de cilindrado. Los objetivos que se plantean alcanzar son los siguientes:

- Mostrar el funcionamiento de los saltos incondicionales.
- Programación con coordenadas incrementales.
- Introducir al lector en la utilización de ciclos fijos de programación.
- Programación de la pasada de acabado combinando movimientos de cilindrado con refrentado.

Con el fin de lograr los objetivos establecidos, se procede a programar la geometría propuesta utilizando tres estrategias de resolución diferentes:

- Por un lado, se va a programar paso a paso todos los movimientos de la herramienta. Esta programación es muy laboriosa, pero que permite introducir los movimientos paralelos en el eje longitudinal de la pieza, es decir, los movimientos de cilindrado.
- También se aborda la resolución del ejercicio utilizando la función de salto incondicional, de esta forma se introduce al lector a una nueva función muy útil cuando un proceso se repite varias veces consecutivas.
- Finalmente se va a resolver el ejercicio mediante un ciclo fijo lo que permite realizar la misma geometría minimizando la cantidad de bloques de programación. Esta estrategia es la más recomendable dado que las máquinas de control numérico tienen una capacidad de memoria limitada que debe optimizarse en todo momento.

3.2. Geometría a obtener

La geometría que se desea obtener presenta dos zonas con diferente diámetro, donde cada una de estas zonas será procesada en un extremo y sujeta en el otro.

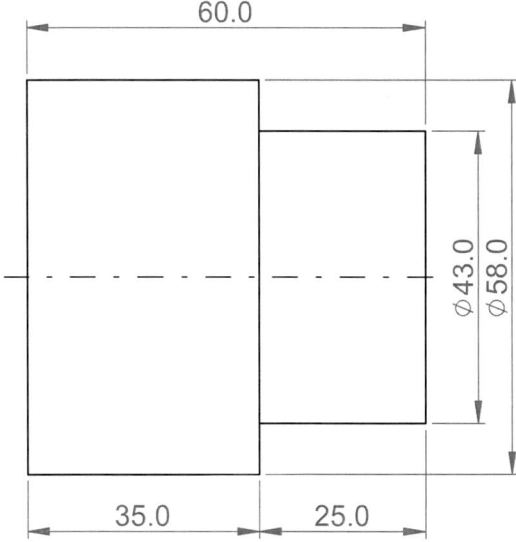

Figura 3.1. Geometría a obtener

3.3. Definición del bruto

El material de partida es un cilindro de aluminio en bruto de 64 mm de longitud y 60 mm de diámetro tal y como se define en la primera subfase. Para la segunda subfase se define un bruto de 62 mm de longitud ya que en la primera subfase se refrenta 2 mm y el diámetro se define de 60 mm ya que es la dimensión que tiene el extremo que se va a mecanizar.

Tabla 3.1. Dimensiones del bruto

	Subfase 1		Subfase 2	
	Diámetro (mm)	Longitud (mm)	Diámetro (mm)	Longitud (mm)
	60	64	60	62
	X (mm)	Z (mm)	X (mm)	Z (mm)
Mínimo	0	-15	0	-15
Máximo	60	49	60	47

3.4. Definición de orígenes

Se propone la siguiente tabla de orígenes teniendo en cuenta que el bruto se va a acortar 2 milímetros por cada extremo para eliminar las marcas de corte por serrado.

Tabla 3.2. Definición de origen de pieza

	Subfase 1		Subfase 2	
	X (mm)	Z (mm)	X (mm)	Z (mm)
G54 (8055) G159=1 (8065)	0	47	0	45

Las figuras muestran la disposición del origen y el mecanizado a realizar en las dos subfases.

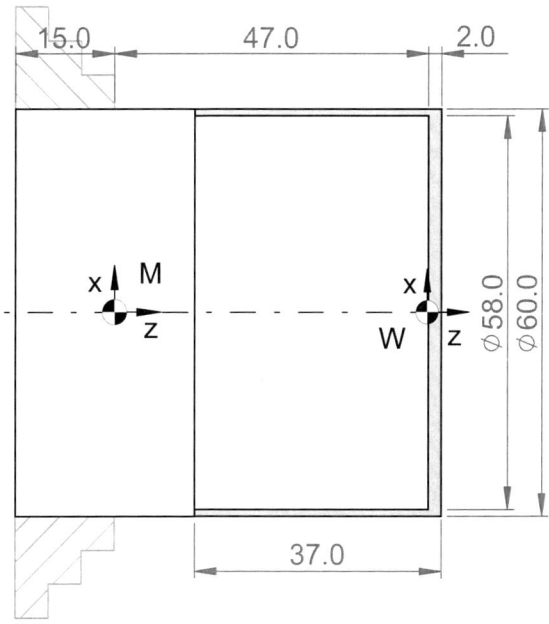

Figura 3.2. Mecanizado y origen de pieza de la subfase 1

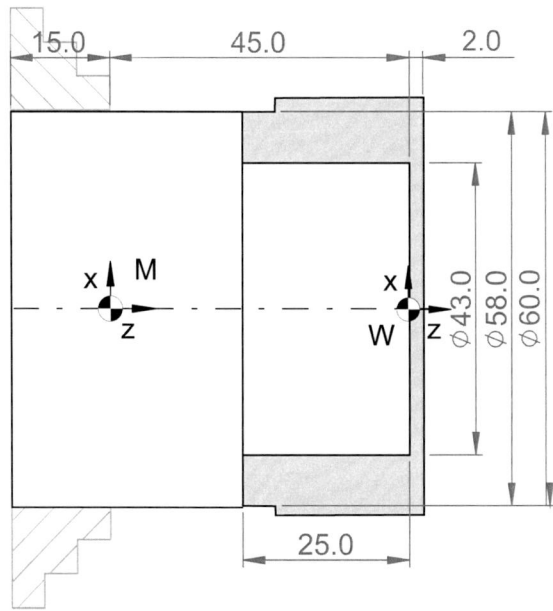

Figura 3.3. Mecanizado y origen de pieza de la subfase 2

3.5. Herramientas y condiciones de corte

En este ejercicio ya se definen las profundidades de pasada para los movimientos de cilindrado, estos movimientos se referencian respecto al eje X.

Tabla 3.3. Herramientas y condiciones de corte

Descripción	Esquema	Operación	F (mm/rev)	S (m/min)	Prof. Pasada máx. (mm)	
					Eje X	Eje Z
T01 Cilindrado/ refrentado exteriores derecha		Acabado	0.05	300	0.5	0.2
T09 Cilindrado/ refrentado exteriores derecha		Desbaste	0.1	250	1.0	0.5

3.6. Hoja de proceso

Tabla 3.4. Hoja de proceso

F / S / O	Designación	Herram.	Croquis
1 / 1 / 1	Cilindrado de desbaste hasta diámetro 59 mm con una profundidad en Z de 37 mm desde origen de la pieza.	T09	
1 / 1 / 2	Refrentado de desbaste dejando una demasía de 0.2 mm	T09	
1 / 1 / 3	Acabado de la primera subfase tanto de refrentado como del cilindrado	T01	
1 / 2 / 1	Cilindrado de desbaste hasta diámetro 44 mm con una profundidad en Z de 24.8 mm desde origen.	T09	
1 / 2 / 2	Refrentado de desbaste hasta dejar una demasía de 0.2 mm	T09	
1 / 2 / 3	Acabado de la segunda subfase tanto de refrentado como del cilindrado	T01	

3.7. Programación

En el cilindrado de la primera subfase se profundiza en el eje Z hasta alcanzar una cota de 37 mm, a pesar de que la cota objetivo es de 35 mm. Esto ocurre debido al pequeño radio en la punta de la herramienta, lo que significa que si se programa la dimensión exacta deseada, quedaría material sin eliminar en la superficie de trabajo debido al radio de la punta de la herramienta. Por lo tanto, siempre que sea posible, se busca extender la trayectoria de la herramienta para garantizar que se elimine todo el material necesario.

Como ya se ha comentado la subfase 2 se ha resuelto utilizando tres estrategias distintas, programación manual, salto incondicional con coordenadas incrementales y utilizando un ciclo fijo.

En la resolución paso a paso se programa a mano todos los movimientos de mecanizado. Esto conlleva a una considerable extensión del programa y su programación sea muy tediosa.

Al analizar la primera opción se observa que el movimiento de desbaste de cilindrado se repite ocho veces, y el de refrentado se repite cuatro. Para evitar tener que repetir los movimientos en la segunda opción se propone utilizar la función de salto incondicional que repite una rutina preprogramada. Dado que los movimientos de la rutina no se realizan en las mismas coordenadas es necesario recurrir a coordenadas relativas.

En la tercera y última opción se ha optado por programar los movimientos repetitivos utilizando ciclos fijos. Los ciclos fijos sólo se han utilizado para realizar únicamente el desbaste ya que los requisitos del problema requieren que el acabado se realice con una herramienta y avance distintos a los de desbaste, ésta es la mayor limitación que nos presenta los ciclos fijos. A pesar de las limitaciones, los ciclos fijos son casi siempre la mejor opción para programar. Cabe observar que con esta última opción se ha reducido drásticamente el número de bloques del programa en comparación con las dos opciones anteriores.

3.7.1. FAGOR 8055T

3.7.1.1. Subfase 1

```
%Ej2_SUBFASE1,MX,
(DGWZ -15,49,0,60)
(MSG "EJERCICIO2_SUBFASE1_8055T")
(ORGX54=0, ORGZ54=47)
G54
(MSG "1 / 1 / 1")
T09 D09 ; Herramienta de desbaste
G95 G96 F0.1 S250 M03
G00 G90 X59 Z4 ; Colocación de herramienta para primera pasada de cilindrado de desbaste
G01 Z-37 ; Se sobrepasa en 2 mm la longitud definida para evitar que quede el radio de punta
de la herramienta
(MSG "1 / 1 / 2")
G00 X61 Z1.5
G01 X-1
G00 X61 Z3
Z1
G01 X-1
```

```
G00 X61 Z3
Z0.5
G01 X-1
G00 X61 Z2
Z0.2
G01 X-1
G00 X80 Z250
(MSG "1 / 1 / 3")
T01 D01
G00 X60 Z0 F0.05 S300
G01 X-1
G00 X58 Z2
G01 Z-37
X62
G00 X90 Z450
M05
M30
```

3.7.1.2. Subfase 2A. Programación manual en coordenadas absolutas

```
%Ej2_SUBFASE2A,MX,
(DGWZ -15,47,0,60)
(MSG "EJERCICIO2_SUBFASE2A_8055T")
(ORGX54=0, ORGZ54=45)
G54
(MSG "1 / 2 / 1")
T09 D09
G95 G96 F0.1 S250 M03
G00 G90 X58 Z3  ; Aprox. herramienta a bruto para 1ª pasada cilindrado desbaste
G01 Z-24.8 ; Cilindrado 1ª pasada desbaste
G00 X60 Z3 ; Retirada herramienta
X56 ; Colocación 2ª pasada desbaste
G01 Z-24.8 ; Cilindrado 2ª pasada desbaste
G00 X58 Z3
X54
G01 Z-24.8 ; Cilindrado 3ª pasada desbaste
G00 X56 Z3
```

```
X52
```

G01 Z-24.8 ; Cilindrado 4ª pasada desbaste

```
G00 X54 Z3
```

```
X50
```

G01 Z-24.8 ; Cilindrado 5ª pasada desbaste

```
G00 X52 Z3
```

```
X48
```

G01 Z-24.8 ; Cilindrado 6ª pasada desbaste

```
G00 X50 Z3
```

```
X46
```

G01 Z-24.8 ; Cilindrado 7ª pasada desbaste

```
G00 X48 Z3
```

```
X44
```

G01 Z-24.8 ; Cilindrado 8ª pasada desbaste

```
(MSG "1 / 2 / 2")
```

G00 X45 Z1.5 ; Colocación 1ª pasada refrentado desbaste

G01 X-1 ; Refrentado 1ª pasada desbaste

```
G00 X45 Z3
```

```
Z1
```

G01 X-1 ; Refrentado 2ª pasada desbaste

```
G00 X45 Z3
```

```
Z0.5
```

G01 X-1 ; Refrentado 3ª pasada desbaste

```
G00 X45 Z2
```

```
Z0.2
```

G01 X-1 ; Refrentado 4ª pasada desbaste

```
G00 X80 Z250
```

```
(MSG "1 / 2 / 3")
```

```
T01 D01
```

```
G00 X44 Z0
```

```
G01 X-1 F0.05 S300
```

```
G00 X43 Z2
```

```
G01 Z-25
```

```
X62
```

```
G00 X90 Z250
```

```
M05
```

```
M30
```

3.7.1.3. Subfase 2B. Programación con coordenadas incrementales utilizando salto incondicional

```
%Ej2_SUBFASE2B,MX,
 (DGWZ -15,47,0,60)
 (MSG "EJERCICIO2_SUBFASE2B_8055T")
 (ORGX54=0, ORGZ54=45)
G54
 (MSG "1 / 2 / 1")
T09 D09 ; Herramienta de desbaste
G95 G96 F0.1 S250 M03
G00 G90 X58 Z3 ; Colocación herramienta para primera pasada cilindrado
N10 G1 G91 Z-27.8 ; Paso a incrementales y cilindrado
G00 X2 Z27.8 ; Retirada de herramienta
N20 X-4 ; Colocación de herramienta para siguiente pasada
 (RPT N10,N20) N7 ; Repite 7 veces más los movimientos de cilindrado
 (MSG "1 / 2 / 2")
G00 G90 X46 Z1.55 ; En coordenadas absolutas, colocación herramienta para primera pasada refrentado
N30 G1 G91 X-47 ; Paso a incrementales y refrentado
G00 X47 Z1 ; Retirada de herramienta
N40 G0 Z-1.45 ; Colocación de herramienta para siguiente pasada
 (RPT N30,N40) N3 ; Repite 3 veces más los movimientos de refrentado
G00 G90 X80 Z250
 (MSG "1 / 2 / 3")
T01 D01 ; Herramienta para acabado
G00 X44 Z0
G01 X-1 F0.05 S300
G00 X43 Z2
G01 Z-25
X62
G00 X90 Z250
M05
M30
```

3.7.1.4. Subfase 2C. Programación con ciclo fijo

```
%Ej2_SUBFASE2C,MX,
(DGWZ -15,47,0,60)
(MSG "EJERCICIO2_SUBFASE2C_8055T")
(ORGX54=0, ORGZ54=45)
G54
(MSG "1 / 2 / 1")
```

T09 D09 ; Herramienta de desbaste

```
G95 G96 F0.1 S250 M03
```

G00 G90 X61 Z3 ; Colocación de herramienta para ciclo fijo de cilindrado

```
G81 X43 Z-25 Q60 R-25 C1 D1 L0.5 M0.2
(MSG "1 / 2 / 2")
```

G00 X46 Z2.2 ; Colocación de herramienta para ciclo fijo de refrentado

```
G82 X-1 Z0 Q-1 R2 C0.5 D0.5 L0 M0.2
G00 X80 Z250
(MSG "1 / 2 / 3")
```

T01 D01   ; Herramienta para acabado

```
G00 X44 Z0
G01 X-1 F0.05 S300
G00 X43 Z2
G01 Z-25
X62
G00 X90 Z250
M05
M30
```

3.7.2. FAGOR 8065T

3.7.2.1. Subfase 1

```
%EJERCICIO_2_TORNO_SUBFASE_1
#DGWZ [-15,49,0,60]
#MSG ["EJERCICIO2_SUBFASE1_8065T"]
V.A.ORGT[1].X=0   V.A.ORGT[1].Z=47
G159=1
#MSG ["1 / 1 / 1"]
```

T09 D1 ; Herramienta de desbaste

```
G95 G96 F0.1 S250 M03
```

```
G00 G90 X59 Z4 ;Colocación de herramienta para primera pasada de cilindrado de desbaste
```

```
G01 Z-37 ; Se sobrepasa en 2 mm la longitud definida para evitar que quede el radio de punta
de la herramienta
```

```
#MSG ["1 / 1 / 2"]
```

```
G00 X61 Z1.5
```

```
G01 X-1
```

```
G00 X61 Z3
```

```
Z1
```

```
G01 X-1
```

```
G00 X61 Z3
```

```
Z0.5
```

```
G01 X-1
```

```
G00 X61 Z2
```

```
Z0.2
```

```
G01 X-1
```

```
G00 X80 Z250
```

```
#MSG ["1 / 1 / 3"]
```

```
T01 D1
```

```
G00 X60 Z0 F0.05 S300
```

```
G01 X-1
```

```
G00 X58 Z2
```

```
G01 Z-37
```

```
X62
```

```
G00 X90 Z450
```

```
M05
```

```
M30
```

3.7.2.2. Subfase 2A. Programación manual en coordenadas absolutas

```
%EJERCICIO_2_TORNO_SUBFASE_2A
```

```
#DGWZ [-15,47,0,60]
```

```
#MSG ["EJERCICIO2_SUBFASE2A_8065T"]
```

```
V.A.ORGT[1].X=0   V.A.ORGT[1].Z=45
```

```
G159=1
```

```
#MSG ["1 / 2 / 1"]
```

```
T09 D1
```

```
G95 G96 F0.1 S250 M03
```

```
G00 G90 X58 Z3 ; Aprox. herramienta a bruto para 1ª pasada cilindrado desbaste
G01 Z-24.8 ; Cilindrado 1ª pasada desbaste
G00 X60 Z3 ; Retirada herramienta
X56 ; Colocación 2ª pasada desbaste
G01 Z-24.8 ; Cilindrado 2ª pasada desbaste
G00 X58 Z3
X54
G01 Z-24.8 ; Cilindrado 3ª pasada desbaste
G00 X56 Z3
X52
G01 Z-24.8 ; Cilindrado 4ª pasada desbaste
G00 X54 Z3
X50
G01 Z-24.8 ; Cilindrado 5ª pasada desbaste
G00 X52 Z3
X48
G01 Z-24.8 ; Cilindrado 6ª pasada desbaste
G00 X50 Z3
X46
G01 Z-24.8 ; Cilindrado 7ª pasada desbaste
G00 X48 Z3
X44
G01 Z-24.8 ; Cilindrado 8ª pasada desbaste
#MSG ["1 / 2 / 2"]
G00 X45 Z1.5 ; Colocación 1ª pasada refrentado desbaste
G01 X-1 ; Refrentado 1ª pasada desbaste
G00 X45 Z3
Z1
G01 X-1 ; Refrentado 2ª pasada desbaste
G00 X45 Z3
Z0.5
G01 X-1 ; Refrentado 3ª pasada desbaste
G00 X45 Z2
Z0.2
G01 X-1 ; Refrentado 4ª pasada desbaste
G00 X80 Z250
#MSG ["1 / 2 / 3"]
```

```
T01 D1
G00 X44 Z0
G01 X-1 F0.05 S300
G00 X43 Z2
G01 Z-25
X62
G00 X90 Z250
M05
M30
```

3.7.2.3. Subfase 2B. Programación con coordenadas incrementales utilizando salto incondicional

```
%EJERCICIO_2_TORNO_SUBFASE_2B
#DGWZ [-15,47,0,60]
#MSG ["EJERCICIO2_SUBFASE2B_8065T"]
V.A.ORGT[1].X=0  V.A.ORGT[1].Z=45
G159=1
#MSG ["1 / 2 / 1"]
```

T09 D1 ; Herramienta de desbaste

`G95 G96 F0.1 S250 M03`

G00 G90 X58 Z3 ; Colocación herramienta para primera pasada cilindrado

`N10:`

G01 G91 Z-27.8 ; Paso a incrementales y cilindrado

G00 X2 Z27.8 ; Retirada de herramienta

X-4 ; Colocación de herramienta para siguiente pasada

`N20:`

#RPT [N10,N20,7] ; Repite 7 veces más los movimientos de cilindrado

`#MSG ["1 / 2 / 2"]`

G00 G90 X46 Z1.55 ; En coordenadas absolutas, colocación herramienta para primera pasada refrentado

`N30:`

G01 G91 X-47 ; Paso a incrementales y refrentado

G00 X47 Z1 ; Retirada de herramienta

G00 Z-1.45 ; Colocación de herramienta para siguiente pasada

`N40:`

#RPT [N30,N40,3] ; Repite 3 veces más los movimientos de refrentado

`G00 G90 X80 Z250`

```
#MSG ["1 / 2 / 3"]
T01 D1 ; Herramienta para acabado
G00 X44 Z0
G01 X-1 F0.05 S300
G00 X43 Z2
G01 Z-25
X62
G00 X90 Z250
M05
M30
```

3.7.2.4. Subfase 2C. Programación con ciclo fijo

```
%EJERCICIO_2_TORNO_SUBFASE_2C
#DGWZ [[-15],47,0,60]
#MSG ["EJERCICIO2_SUBFASE2C_8065T"]
V.A.ORGT[1].X=0   V.A.ORGT[1].Z=45
G159=1
#MSG ["1 / 2 / 1"]
T09 D1 ; Herramienta de desbaste
G95 G96 F0.1 S250 M03
G00 G90 X61 Z3 ; Colocación de herramienta para ciclo fijo de cilindrado
G81 X43 Z-25 Q60 R-25 C1 D1 L0.5 M0.2
#MSG ["1 / 2 / 2"]
G00 X46 Z2.2 ; Colocación de herramienta para ciclo fijo de refrentado
G82 X-1 Z0 Q-1 R2 C0.5 D0.5 L0 M0.2
G00 X80 Z250
#MSG ["1 / 2 / 3"]
T01 D1 ; Herramienta para acabado
G00 X44 Z0
G01 X-1 F0.05 S300
G00 X43 Z2
G01 Z-25
X62
G00 X90 Z250
M05
M30
```

3.8. Geometría definitiva

A continuación, se presenta la geometría resultante después de llevar a cabo el proceso de mecanizado en ambas subfases.

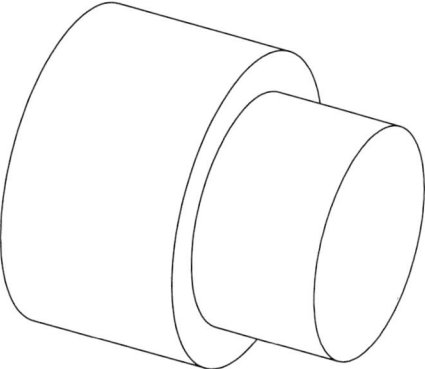

Figura 3.4. Pieza final

4
Ejercicio 3
Aplicación de
corrección de radios

4.1. Objetivo

Este ejercicio tiene como objetivo principal consolidar los conocimientos adquiridos en los dos ejercicios anteriores. Los objetivos específicos que se buscan alcanzar son los siguientes:

- Introducción a la utilización de la corrección de radio de herramienta.
- Programación de achaflanado de aristas.

4.2. Geometría a obtener

La forma geométrica que se busca es un cilindro con dos diámetros distintos y un plano inclinado que los conecta. En uno de los extremos, el diámetro es más grande y presenta una arista biselada.

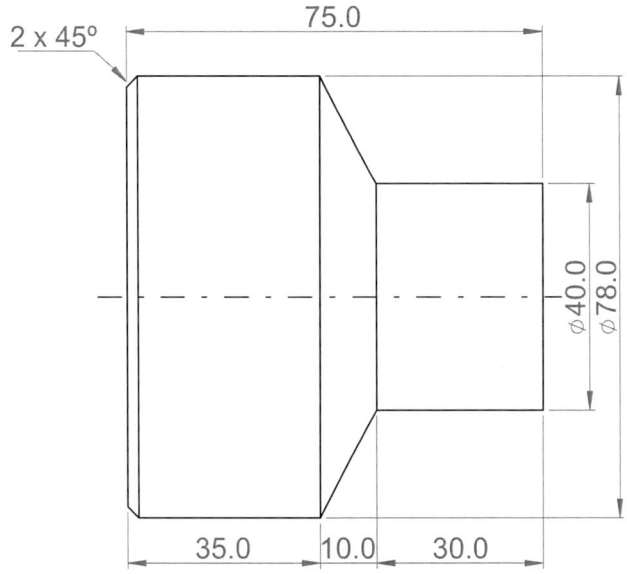

Figura 4.1. Geometría a obtener

4.3. Definición del bruto

Tabla 4.1. Dimensiones del bruto

	Subfase 1		Subfase 2	
	Diámetro (mm)	Longitud (mm)	Diámetro (mm)	Longitud (mm)
	80	80	80	78
	X	Z	X	Z
Mínimo	0	-15	0	-15
Máximo	80	65	80	63

4.4. Definición de orígenes

Para definir los orígenes hay que tener en cuenta el material sobrante longitudinalmente y distribuirlo entre los dos extremos. En este caso, el sobrante es de 5 mm, de los cuales se retiran 2 mm en la primera subfase y 3 mm en la segunda.

Tabla 4.2. Definición de origen de pieza

	Subfase 1		Subfase 2	
	X (mm)	Z (mm)	X (mm)	Z (mm)
G54 (8055) G159=1 (8065)	0	63	0	60

En las figuras se muestra la disposición de los orígenes y el esquema del mecanizado de las dos subfases.

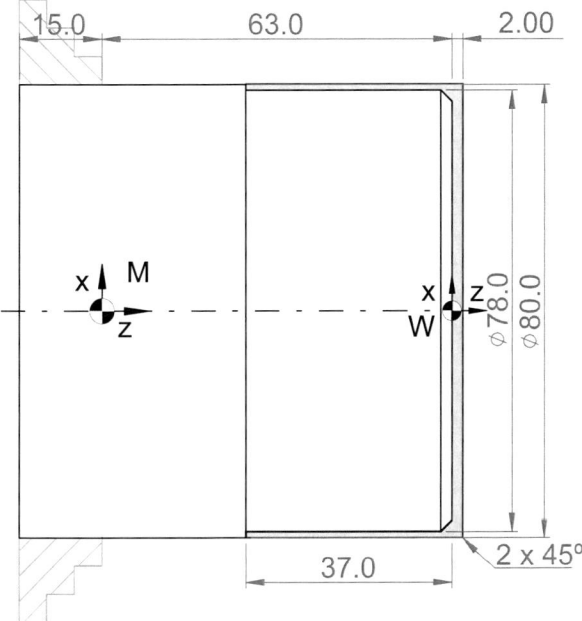

Figura 4.2. Mecanizado y origen de pieza de la subfase 1

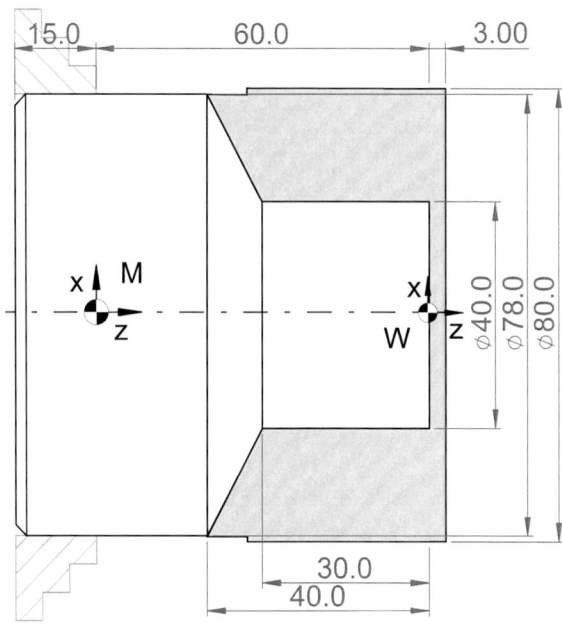

Figura 4.3. Mecanizado y origen de pieza de la subfase 2

4.5. Herramientas y condiciones de corte

Las herramientas utilizadas son universales y con gran flexibilidad

Tabla 4.3. Herramientas y condiciones de corte

Descripción	Esquema	Operación	F (mm/rev)	S (m/min)	Prof. Pasada máx. (mm)	
					Eje X	Eje Z
T01 Cilindrado/ refrentado exteriores derecha		Acabado	0.05	300	0.5	0.2
T09 Cilindrado/ refrentado exteriores derecha		Desbaste	0.1	250	1.0	0.5

4.6. Hoja de proceso

Tabla 4.4. Hoja de proceso

F / S / O	Designación	Herram.	Croquis
1 / 1 / 1	Refrentado de 1.8 mm de desbaste para dejar unas creces de 0.2 mm	T09	
1 / 1 / 2	Acabado de la primera subfase tanto de refrentado como del cilindrado realizando un chaflan de 2 mm de lado.	T01	
1 / 2 / 1	Cilindrado de desbaste hasta plano inclinado dejando un diámetro mínimo de 40.2 mm.	T09	
1 / 2 / 2	Refrentado de 2.8 mm de desbaste hasta dejar unas creces de 0.2 mm	T09	
1 / 2 / 3	Acabado de la segunda subfase.	T01	

4.7. Programación

En la programación de trayectorias no paralelas a los ejes, el radio de la punta de las plaquitas de torneado provoca una discrepancia entre la trayectoria real de la punta de la herramienta y la trayectoria teórica deseada. Para prevenir errores dimensionales ocasionados por este fenómeno, es esencial emplear la función de compensación de punta de herramienta. Esta función permite programar de manera directa el contorno deseado de la pieza. La compensación de la herramienta debe programarse sistemáticamente durante los movimientos de aproximación, asegurándose de que el desplazamiento sea mayor que el radio de la punta de la herramienta. En el contexto del torneado, este procedimiento no plantea dificultades, ya que las puntas de las herramientas son de tamaño reducido.

El biselado de la primera subfase se mecaniza directamente durante el proceso de acabado, ya que la cantidad de material a eliminar es mínima y teniendo que en cuenta que se trabaja con un material blando como el aluminio.

4.7.1. FAGOR 8055T

4.7.1.1. Subfase 1

```
%EJ3_SUBFASE1,MX,
(DGWZ -15,65,0,80)
(MSG "EJERCICIO3_SUBFASE1_8055T")
(ORGX54=0, ORGZ54=63)
G54
(MSG "1 / 1 / 1")
T09 D09
G95 G96 F0.1 S250 M03
G00 G90 X82 Z2.2
G82 X-1 Z0 Q-1 R2 C0.5 D0.5 L0 M0.2
G0 X85 Z250
(MSG "1 / 1 / 2")
T01 D01
G00 G42 X-1 Z3 F0.05 S300  ; Activación de la corrección de radio a derechas
G01 Z0
G39 R2 X79  ; Achaflanado de arista con un radio de 2 mm
Z-37
X82
G00 G40 X90 Z250  ; Anulación de la corrección de radio
M05
M30
```

4.7.1.2. Subfase 2

```
%EJ3_SUBFASE2,MX,
(DGWZ -15,63,0,80)
(MSG "EJERCICIO3_SUBFASE2_8055T")
(ORGX54=0, ORGZ54=60)
G54
(MSG "1 / 2 / 1")
T09 D09
```

```
G95 G96 F0.1 S250 M03
G00 G42 G90 X82 Z4  ; Activación de la corrección de radio
G81 X40 Z-30 Q79 R-40 C1 D1 L0.5 M0.2
(MSG "1 / 2 / 2")
G00 G40 X43 Z3.2 ; Desactivación de la corrección de radio
G82 X-1 Z0 Q-1 R3 C0.5 D0.5 L0 M0.2
G00 G40 X90 Z250
(MSG "1 / 2 / 3")
T01 D01
G00 X42 Z0
G01 X-1
G00 G42 X40 Z2 ; Activación de la corrección de radio
G01 Z-30
X79 Z-40
X82
G00 G40 X90 Z250 ; Desactivación de la corrección de radio
M05
M30
```

4.7.2. FAGOR 8065T

4.7.2.1. Subfase 1

```
%EJERCICIO_3_TORNO_SUBFASE_1
#DGWZ [-15,65,0,80]
#MSG ["EJERCICIO3_SUBFASE1_8065T"]
V.A.ORGT[1].X=0  V.A.ORGT[1].Z=63
G159=1
#MSG ["1 / 1 / 1"]
T9 D1
G95 G96 F0.1 S250 M03
G00 G90 X82 Z2.2
G82 X-1 Z0 Q-1 R2 C0.5 D0.5 L0 M0.2
G00 X85 Z250
#MSG ["1 / 1 / 2"]
T1 D1
G00 G42 X-1 Z3 F0.05 S300 ; Activación de la corrección de radio
G01 Z0
```

```
X79
```

G39 I2 ; Achaflanado de arista con un radio de 2 mm

```
Z-37
```

```
X82
```

G00 G40 X90 Z250 ; Anulación de la corrección de radio

```
M05
```

```
M30
```

4.7.2.2. Subfase 2

```
%EJERCICIO_3_TORNO_SUBFASE_2
```

```
#DGWZ CYL Z [-15,63,0,80]
```

```
#MSG ["EJERCICIO3_SUBFASE2_8065T"]
```

```
V.A.ORGT[1].X=0 V.A.ORGT[1].Z=60
```

```
G159=1
```

```
#MSG ["1 / 2 / 1"]
```

```
T09 D01
```

```
G95 G96 F0.1 S250 M03
```

G00 G42 G90 X82 Z4 ; Activación de la corrección de radio

```
G81 X40 Z-30 Q79 R-40 C1 D1 L0.5 M0.2
```

```
#MSG ["1 / 2 / 2"]
```

G00 G40 X43 Z3.2 ; Desactivación de la corrección de radio

```
G82 X-1 Z0 Q-1 R3 C0.5 D0.5 L0 M0.2
```

```
G00 X90 Z250
```

```
#MSG ["1 / 2 / 3"]
```

```
T01 D01
```

```
G00 X42 Z0
```

```
G01 X-1
```

G00 G42 X40 Z2 ; Activación de la corrección de radio

```
G01 Z-30
```

```
X79 Z-40
```

```
X81
```

G00 G40 X90 Z250 M05 ; Desactivación de la corrección de radio

```
M30
```

4.8. Geometría definitiva

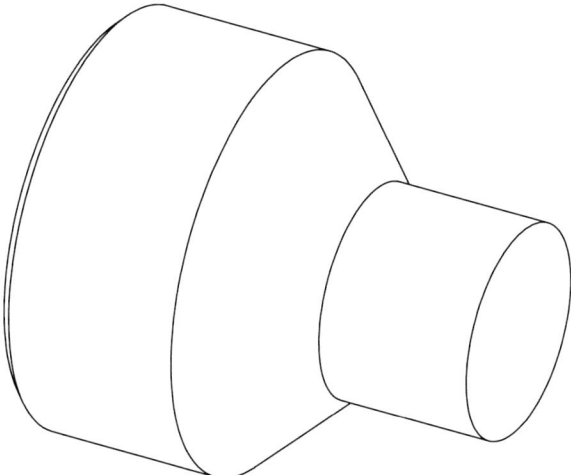

Figura 4.4. Pieza final

5
Ejercicio 4
Taladrado y mandrinado

5.1. Objetivo

En este ejercicio se propone programar el mecanizado una pieza de torno, tanto por en su parte exterior como en su interior tras haber sido taladrada. Los objetivos específicos son los siguientes:

- Programar taladrados en torno.
- Familiarizarse con las peculiaridades del cilindrado de interiores (mandrinado).
- Aplicar corrección de radios tanto a derechas como a izquierdas.
- Programación de cilindrados hasta un perfil preestablecido.

5.2. Geometría a obtener

La geometría deseada es una pieza cilíndrica a la que se la ha realiza un taladrado longitudinal pasante. Además, en uno de los extremos, se ha realizado un cilindrado tanto en la parte exterior como en la parte interior.

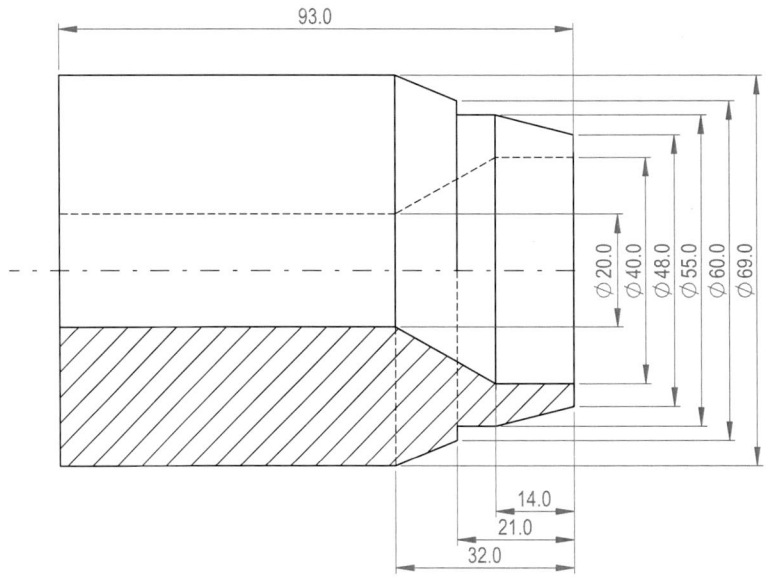

Figura 5.1. Geometría a obtener

5.3. Definición del bruto

En la primera subfase se parte de un cilindro macizo de 70 mm de diámetro, en cambio en la segunda subfase es necesario definir un agujero pasante longitudinalmente de sección circular de 20 mm de diámetro obtenido por un taladrado de la primera subfase. La longitud de la segunda subfase es 2 mm más corta que la primera.

Tabla 5.1. Dimensiones del bruto

	Subfase 1		Subfase 2	
	Diámetro (mm)	Longitud (mm)	Diámetro (mm)	Longitud (mm)
	70	97	70	95
	X (mm)	Z (mm)	X (mm)	Z (mm)
Mínimo	0	-15	20	-15
Máximo	70	82	70	80

5.4. Definición de orígenes

Tabla 5.2. Definición de origen de pieza

	Subfase 1		Subfase 2	
	X (mm)	Z (mm)	X (mm)	Z (mm)
G54 (8055) G159=1 (8065)	0	80	0	78

En las figuras se muestra la disposición de los orígenes y el esquema del mecanizado de las dos subfases.

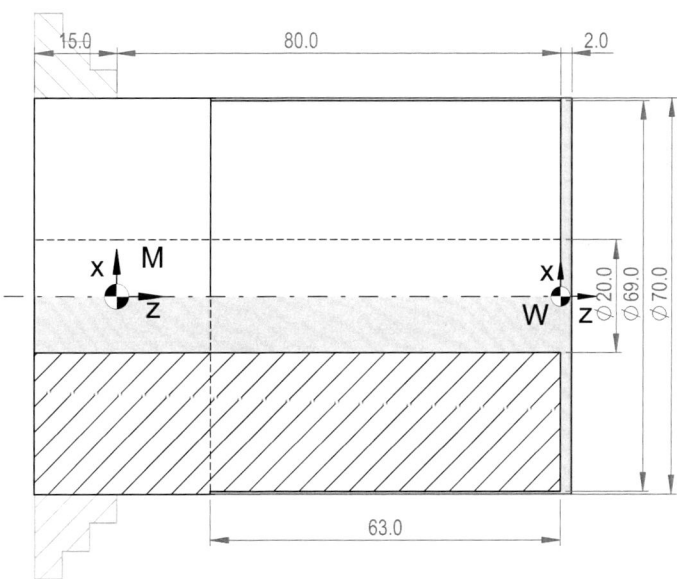

Figura 5.2. Mecanizado y origen de pieza de la subfase 1

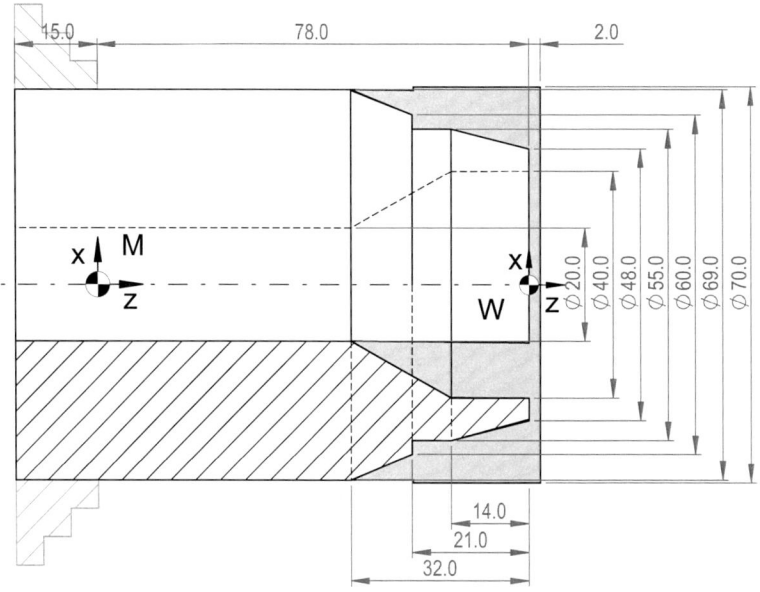

Figura 5.3. Mecanizado y origen de pieza de la subfase 2

5.5. Herramientas y condiciones de corte

A partir de este ejercicio, se llevarán a cabo tanto las operaciones de desbaste como las de acabado utilizando la misma herramienta y, siempre que sea posible, se empleará un ciclo fijo. Esto implica que la programación se centrará en la implementación de nuevos ciclos y rutinas. Al optar por un ciclo fijo para ambas etapas, es importante tener en cuenta las siguientes limitaciones: sólo se puede ajustar la velocidad de avance durante la fase de acabado, manteniendo constante la velocidad de corte, y no se permite cambiar la herramienta en este proceso.

Tabla 5.3. Herramientas y condiciones de corte

Descripción	Esquema	Operación	F (mm/rev)	S (m/min)	Prof. Pasada máx. (mm)	
					Eje X	Eje Z
T01 Cilindrado/ refrentado exteriores derecha		Desbaste	0.1	300	1.0	0.5
		Acabado	0.05	300	0.5	0.2
T06 Mandrinado		Desbaste	0.05	150	0.5	0.3
		Acabado	0.03	150	0.3	0.1

Descripción	Esquema	Operación	F (mm/min)	S (rev/min)	Prof. Pasada máx. (mm)	
					Eje X	Eje Z
T04 Broca puntear D4		Puntear	200	1000	-	4
T07 Broca D10		Taladrado	100	480	-	10
T05 Broca plaquitas D20		Taladrado	50	240	-	10

5.6. Hoja de proceso

Tabla 5.4. Hoja de proceso

F / S / O	Designación	Herram.	Croquis
1 / 1 / 1	Cilindrado de acabado hasta una profundidad de 63 mm en el eje Z	T01	
1 / 1 / 2	Refrentado de desbaste y acabado eliminando 2 mm en total	T01	
1 / 1 / 3	Punteado de 3 mm de profundidad	T04	
1 / 1 / 4	Taladrado pasante en el eje de la pieza con broca de diámetro 10 mm.	T07	
1 / 1 / 5	Taladrado pasante en el eje de la pieza con broca de diámetro 20 mm.	T05	
1 / 2 / 1	Cilindrado de exteriores hasta perfil de pieza partiendo desde el extremo en diámetro 18 mm.	T01	
1 / 2 / 2	Mandrinado hasta plano inclinado interior. Diámetro interior mínimo 20 mm	T06	

5.7. Programación

Conforme a lo indicado en la hoja de proceso, en la primera subfase se efectúa la perforación pasante y el mecanizado del extremo de mayor diámetro. En dicho extremo, se reduce el diámetro a 69 milímetros para eliminar cualquier marca presente en la pieza en bruto. Este proceso de cilindrado exterior excede la arista ubicada a Z=-61 mm. Esto se debe a considerar que la herramienta posee un radio de punta, y si se detuviera justo en la arista, quedaría una pequeña cantidad de material sin eliminar, correspondiente a la punta de la herramienta.

Iniciar la perforación con brocas de diámetro reducido antes de utilizar una broca de mayor tamaño es una práctica estándar para garantizar la precisión, seguridad y eficiencia del proceso de taladrado. En este caso, la perforación se lleva a cabo en tres etapas: en primer lugar, se utiliza una broca de puntear de 4 mm de diámetro para realizar una penetración inicial de 3 mm. En la segunda fase, se efectúa el agujero pasante utilizando una broca de 10 mm, y finalmente, se repite el proceso utilizando una broca de 20 mm de diámetro.

En la segunda subfase primero se realiza el cilindrado exterior hasta el perfil delimitado, el cilindrado parte desde diámetro 18 mm. Luego se realiza el cilindrado de interiores (mandrinado) que se realiza a la inversa que en exteriores. Es decir, inicialmente se coloca la herramienta con un diámetro inferior al del agujero y cada vez que se realiza una pasada de mandrinado es con un diámetro creciente.

5.7.1. FAGOR 8055T

5.7.1.1. Subfase 1

```
%EJ4_SUBFASE1,MX,
(DGWZ -15,82,0,70)
(MSG "EJERCICIO4_SUBFASE1_8055T")
(ORGX54=0, ORGZ54=80)
G54
(MSG "1 / 1 / 1")
T01 D01 ; Hta exteriores
G95 G96 F0.1 S300 M03
G00 G90 X69 Z4
G01 Z-63
(MSG "1 / 1 / 2")
G00 X71 Z2.2
G82 X-1 Z0 Q-1 R2 C0.5 D0.5 L0 M0.2 H0.05
G00 X90 Z250
(MSG "1 / 1 / 3")
T4 D4 ; Broca de puntear
G94 G97 F200 S1000 ; G94 Avance en mm/min y G97 velocidad de corte en rev/min
G00 X0 Z4
G01 X0 Z-3
G00 X90 Z250
```

```
(MSG "1 / 1 / 4")
T7 D7  ; Broca D10
F100 S480
G00 X0 Z4
G83 X0 Z0 I95 B10 D1 K100 H0 C1 ; Taladrado pasante
G00 X90 Z250
(MSG "1 / 1 / 5")
T5 D5  ; Broca plaquitas D20
F50 S240
G83 X0 Z0 I95 B10 D1 K100 H0 C1
G00 X90 Z250
M05
M30
```

5.7.1.2. Subfase 2

```
%EJ4_SUBFASE2,MX,
(DGWZ -15,80,20,70)
(MSG "EJERCICIO4_SUBFASE2_8055T")
(ORGX54=0, ORGZ54=78)
G54
(MSG "1 / 2 / 1")
T01 D01
G95 G96 F0.1 S300 M03
G00 G42 G90 X71 Z4
G68 X38 Z0 C1 D1 L0.5 M0.2 H0.05 S10 E20 ; Ciclo fijo de cilindrado en el eje X
G00 G40 X90 Z250
(MSG "1 / 2 / 2")
T06 D06
G00 G41 X19 Z4 F0.05 S150 ; Corrección radio a izq. y cond. corte interior
G81 X40 Z-14 Q20 R-32 C0.5 D0.5 L0.3 M0.1 H0.03
G00 G40 X90 Z250
M05
M30
N10 G01 X48 Z0  ; Bloque inicial descripción geométrica del perfil
G01 X55 Z-14
G01 X55 Z-21
```

```
G01 X60 Z-21
```
N20 G01 X70 Z-32 ; Bloque final descripción geométrica del perfil

5.7.2. FAGOR 8065T

5.7.2.1. Subfase 1

```
%EJERCICIO_4_TORNO_SUBFASE_1
#DGWZ [-15,82,0,70]
#MSG ["EJERCICIO4_SUBFASE1_8065T"]
V.A.ORGT[1].X=0   V.A.ORGT[1].Z=80
G159=1
#MSG ["1 / 1 / 1"]
```
T01 D1 ; Hta exteriores
```
G95 G96 F0.1 S300 M03
G00 G90 X69 Z4
G01 Z-63
#MSG ["1 / 1 / 2"]
G00 X71 Z2.2
G82 X-1 Z0 Q-1 R2 C0.5 D0.5 L0 M0.2 H0.05
G00 X90 Z250
#MSG ["1 / 1 / 3"]
```
T4 D1 ; Broca de puntear
```
G94 G97 F200 S1000
G00 X0 Z4
G01 X0 Z-3
G00 X90 Z250
#MSG ["1 / 1 / 4"]
```
T7 D1 ; Broca D10
```
F100 S480
G00 X0 Z4
```
G83 X0 Z0 I95 B10 D1 K100 H0 C1 ; Taladrado pasante
```
G00 X90 Z250
#MSG ["1 / 1 / 5"]
```
T5 D1 ; Broca plaquitas D20
```
F50 S240
G83 X0 Z0 I95 B10 D1 K100 H0 C1
G00 X90 Z250
```

```
M05
M30
```

5.7.2.2. Subfase 2

```
%EJERCICIO_4_TORNO_SUBFASE_2
#DGWZ [-15,80,20,70]
#MSG ["EJERCICIO4_SUBFASE2_8065T"]
V.A.ORGT[1].X=0   V.A.ORGT[1].Z=78
G159=1
#MSG ["1 / 2 / 1"]
T01 D1
G95 G96 F0.1 S300 M03
G00 G42 G90 X71 Z4
G68 X38 Z0 C1 D1 L0.5 M0.2 H0.05 S10 E20  ; Ciclo fijo de cilindrado en el eje X
G00 G40 X90 Z250
#MSG ["1 / 2 / 2"]
T06 D1
G00 G41 X19 Z4 F0.05 S150  ; Corrección radio a izq. y cond. corte interior
G81 X40 Z-14 Q20 R-32 C0.5 D0.5 L0.3 M0.1 H0.03
G00 G40 X90 Z250
M05
M30
N10: G01 X48 Z0  ; Bloque en el que comienza la descripción geométrica del perfil
G01 X55 Z-14
G01 X55 Z-21
G01 X60 Z-21
N20: G01 X70 Z-32  ; Bloque en el que finaliza la descripción geométrica del perfil
```

5.8. Geometría definitiva

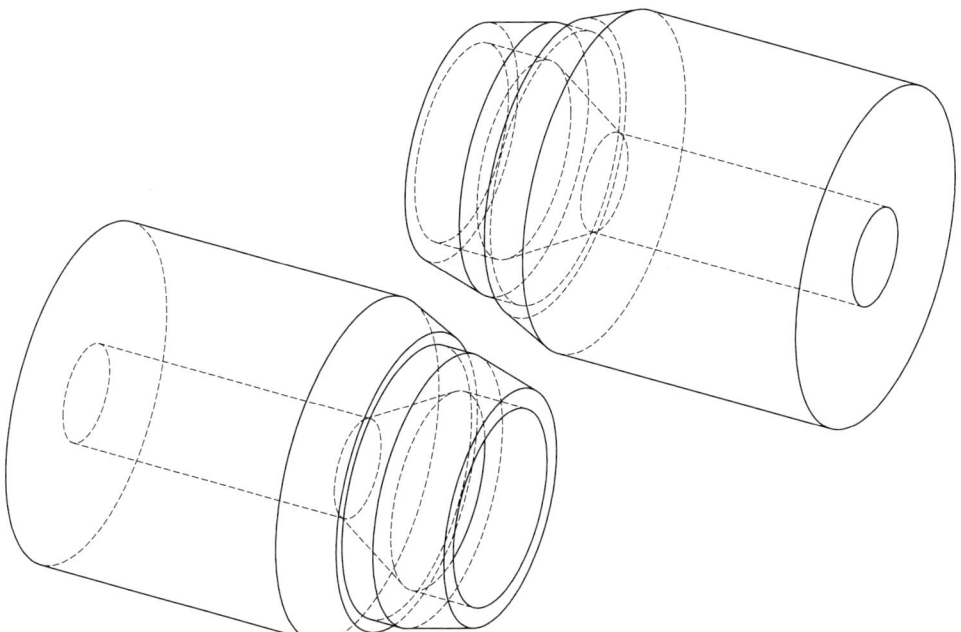

Figura 5.4. Pieza final

6
Ejercicio 5
Cilindrado de tramos curvos

6.1. Objetivo

El propósito de este ejercicio es incorporar los movimientos no lineales de la herramienta, específicamente las interpolaciones circulares. Para programar las trayectorias circulares, se emplean dos comandos diferentes: el redondeo de aristas y las interpolaciones circulares en sentido horario y antihorario.

6.2. Geometría a obtener

La geometría deseada es una pieza cilíndrica en la que se han cilindrado los dos extremos realizando redondeos de varias de las aristas. La pieza se muestra en la siguiente figura.

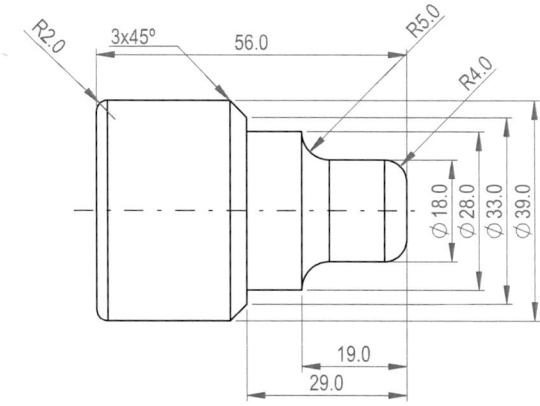

Figura 6.1. Geometría a obtener

6.3. Definición del bruto

La pieza de partida es un cilindro de 40 mm de diámetro y 60 mm de longitud. En la siguiente tabla se define las dimensiones del bruto para las dos subfases y cómo se debe definir utilizando un software de simulación.

Tabla 6.1. Dimensiones del bruto

	Subfase 1		Subfase 2	
	Diámetro (mm)	Longitud (mm)	Diámetro (mm)	Longitud (mm)
	40	60	40	58
	X (mm)	Z (mm)	X (mm)	Z (mm)
Mínimo	0	-15	0	-15
Máximo	40	45	40	43

6.4. Definición de orígenes

Tabla 6.2. Definición de origen de pieza

	Subfase 1		Subfase 2	
	X (mm)	Z (mm)	X (mm)	Z (mm)
G54 (8055) G159=1 (8065)	0	43	0	41

En las figuras se muestra la disposición de los orígenes y el esquema del mecanizado de las dos subfases.

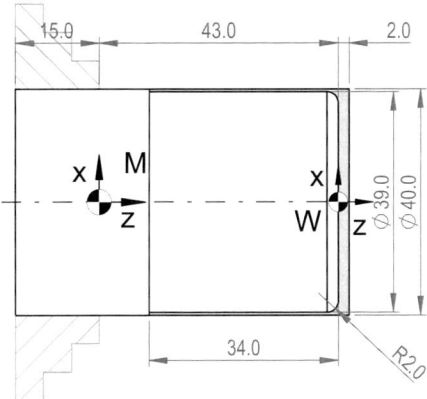

Figura 6.2. Mecanizado y origen de pieza de la subfase 1

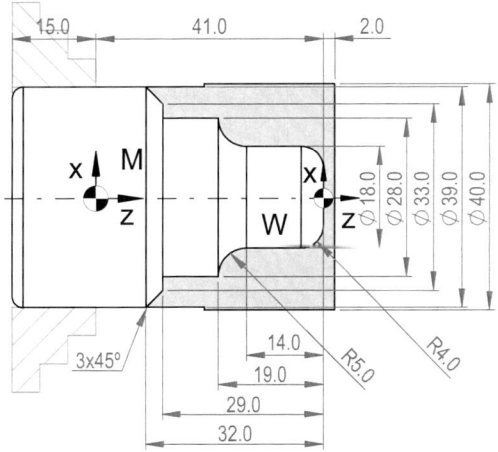

Figura 6.3. Mecanizado y origen de pieza de la subfase 2

6.5. Herramientas y condiciones de corte

En el ejercicio únicamente se realizan operaciones de cilindrado por lo que todas se pueden realizar con la misma herramienta.

Tabla 6.3. Herramientas y condiciones de corte. Ejercicio 5

Descripción	Esquema	Operación	F (mm/rev)	S (m/min)	Prof. Pasada máx. (mm)	
					Eje X	Eje Z
T01 Cilindrado/ refrentado exteriores derecha		Desbaste	0.1	300	1.0	0.5
		Acabado	0.05	300	0.5	0.2

6.6. Hoja de proceso

Tabla 6.4. Hoja de proceso

F / S / O	Designación	Herram.	Croquis
1 / 1 / 1	Desbaste de arista redondeada	T1	
1 / 1 / 2	Refrentado de desbaste	T1	
1 / 1 / 3	Acabado del perfil exterior de la primera subfase	T1	
1 / 2 / 1	Cilindrado de desbaste y acabado hasta perfil exterior de pieza	T1	
1 / 2 / 2	Refrentado de desbaste y acabado desde D10	T1	

6.7. Programación

Las trayectorias circulares se programan mediante el código G02 en caso de que el giro sea en sentido horario y con G03 en caso de que sea en sentido antihorario. Para ambos casos, es necesario programar las coordenadas del punto final del arco. Posteriormente, se puede optar por programar exclusivamente el radio del arco o bien programar las coordenadas del centro con respecto al punto inicial del arco. Existe un tercer método para la programación de tramos curvos, el redondeo de aristas (G36). Este comando requiere la programación de una trayectoria hacia el punto de la arista que se desea redondear y el radio que se desea obtener, en el siguiente bloque es necesario programar la trayectoria posterior al arco. En el código de los programas se presenta la programación con las tres alternativas.

El ciclo fijo G68 se emplea para realizar pasadas de cilindrado hasta un perfil previamente programado. Este perfil puede definirse en otro programa o en un conjunto de bloques dentro del mismo programa. Es fundamental etiquetar tanto el primer como el último bloque que delinean el perfil, ya que estas etiquetas permiten al ciclo hacer referencia a ellos. Los bloques que especifican el perfil pueden ubicarse antes del final del programa para que estén disponibles para su utilización en otras operaciones, como, por ejemplo, en la primera subfase donde se emplean para realizar el acabado. En caso de que no vayan a ser utilizados en otras operaciones, se deben situar después del fin de programa (M30). En esta situación, estos bloques se ejecutarán únicamente cuando sean invocados por el ciclo fijo G68.

6.7.1. FAGOR 8055T

6.7.1.1. Subfase 1. Trayectoria circular programando el centro del arco

```
%EJ5_SUBFASE1,MX,
(DGWZ -15,45,0,40)
(MSG "EJERCICIO5_SUBFASE1_8055T")
(ORGX54=0, ORGZ54=43)
G54
(MSG "1 / 1 / 1")
T01 D01
G95 G96 F0.1 S300 M03
G00 G42 G90 X41 Z4
G68 X35 Z0 C1 D1 L0.5 M0.2 H0 S10 E20
(MSG "1 / 1 / 2")
G00 G40 X37 Z2.2
G82 X-1 Z0 Q-1 R0 C0.5 D0.5 L0 M0.2 H0
(MSG "1 / 1 / 3")
```

```
G00 G42 X-1 Z2
G01 X-1 Z0 F0.05
G01 X35 Z0
N10 G03 X39 Z-2 I0 K-2
N20 G01 X39 Z-34
G00 G40 X90 Z250
M05
M30
```

6.7.1.2. Subfase 1. Trayectoria circular programando el radio del arco

La programación de la trayectoria circular utilizando el radio del arco se llevará a cabo según se ilustra en el siguiente bloque. Dado que el resto del código de la subfase 1 es idéntico, solo se presenta el bloque que debe reemplazarse.

```
N10 G03 X39 Z-2 R2
N20 G01 X39 Z-34
```

6.7.1.3. Subfase 1. Trayectoria circular programando redondeo de aristas

En las siguientes líneas se programa el redondeo de la arista utilizando el redondeo (G36).

```
N10 G01 G36 R2 X39
N20 G01 X39 Z-34
```

6.7.1.4. Subfase 2. Trayectorias circulares programando el centro del arco

```
%EJ5_SUBFASE2,MX,
(DGWZ -15,43,0,40)
(MSG "EJERCICIO5_SUBFASE2_8055T")
(ORGX54=0, ORGZ54=41)
G54
(MSG "1 / 2 / 1")
T01 D01
G95 G96 F0.1 S300 M03
G00 G42 G90 X41 Z4
G68 X10 Z0 C1 D1 L0.5 M0.2 H0.05 S10 E20
G00 G40 X11 Z2.2
(MSG "1 / 2 / 2")
G82 X-1 Z0 Q-1 R2 C0.5 D0.5 L0 M0.2 H0.05
```

```
G00 X90 Z250
M05
M30
N10 G03 X18 Z-4 I0 K-4
G01 X18 Z-14
G02 X28 Z-19 I5 K0
G01 X28 Z-29
G01 X34 Z-29
N20 G01 X40 Z-32
```

6.7.1.5. Subfase 2. Trayectoria circular programando el radio del arco

La subrutina del ciclo fijo G68 se debe modificar para programar los arcos utilizando el radio.

```
N10 G03 X18 Z-4 R4
G01 X18 Z-14
G02 X28 Z-19 R5
G01 X28 Z-29
G01 X34 Z-29
N20 G01 X40 Z-32
```

6.7.1.6. Subfase 2. Trayectoria circular programando redondeo de aristas

En los siguientes bloques se muestra cómo programar las trayectorias circulares del perfil de la pieza utilizando el comando de redondeo de aristas (G36).

```
N10 G01 G36 R4 X18 Z0
G01 G36 R5 X18 Z-19
G01 X28 Z-19
G01 X28 Z-29
G01 X34 Z-29
N20 G01 X40 Z-32
```

6.7.2. FAGOR 8065T

6.7.2.1. Subfase 1. Trayectoria circular programando el centro del arco

```
%EJERCICIO_5_TORNO_SUBFASE_1
#DGWZ [-15,45,0,40]
```

```
#MSG ["EJERCICIO5_SUBFASE1_8065T"]
V.A.ORGT[1].X=0   V.A.ORGT[1].Z=43
G159=1
#MSG ["1 / 1 / 1"]
T01 D1
G95 G96 F0.1 S300 M03
G00 G42 G90 X41 Z4
G68 X35 Z0 C1 D1 L0.5 M0.2 H0 S10 E20
#MSG ["1 / 1 / 2"]
G00 G40 X37 Z2.2
G82 X-1 Z0 Q-1 R0 C0.5 D0.5 L0 M0.2 H0
#MSG ["1 / 1 / 3"]
G00 G42 X-1 Z2
G01 X-1 Z0 F0.05
G01 X35 Z0
N10: G03 X39 Z-2 I0 K-2
N20: G01 X39 Z-34
G00 G40 X90 Z250
M05
M30
```

6.7.2.2. Subfase 1. Trayectoria circular programando el radio del arco

La programación de la trayectoria circular utilizando el radio del arco se llevará a cabo según se ilustra en el siguiente bloque. Dado que el resto del código de la subfase 1 es idéntico, solo se presenta el bloque que debe reemplazarse.

```
N10: G03 X39 Z-2 R2
N20: G01 X39 Z-34
```

6.7.2.3. Subfase 1. Trayectoria circular programando redondeo de aristas

La programación del redondeo de aristas en el controlador 8065T varía respecto al controlador 8055T. El radio del arco se programa en el bloque siguiente al bloque dónde se indica el punto de la arista a redondear.

```
N10: G01 X39 Z0  ; Punto de Intersección de la arista a redondear
G36 I2  ; Radio de redondeo
N20: G01 X39 Z-34
```

6.7.2.4. Subfase 2. Trayectorias circulares programando el centro del arco

```
%EJERCICIO_5_TORNO_SUBFASE_2
#DGWZ [-15,43,0,40]
#MSG ["EJERCICIO5_SUBFASE2_8065T"]
V.A.ORGT[1].X=0  V.A.ORGT[1].Z=41
G159=1
#MSG ["1 / 2 / 1"]
T01 D1
G95 G96 F0.1 S300 M03
G00 G42 G90 X41 Z2.2
G68 X10 Z0 C1 D1 L0.5 M0.2 H0.05 S10 E20
G00 G40 X11 Z2.2
(MSG "1 / 2 / 2")
G82 X-1 Z0 Q-1 R2 C0.5 D0.5 L0 M0.2 H0.05
G00 X90 Z250
M05
M30
N10: G03 X18 Z-4 I0 K-4
G01 X18 Z-14
G02 X28 Z-19 I5 K0
G01 X28 Z-29
G01 X34 Z-29
N20: G01 X40 Z-32
```

6.7.2.5. Subfase 2. Trayectoria circular programando el radio del arco

Si se desea programar los arcos utilizando el radio es necesario modificar la subrutina del ciclo fijo. A continuación, se muestra cómo:

```
N10: G03 X18 Z-4 R4
G01 X18 Z-14
G02 X28 Z-19 R5
G01 X28 Z-29
G01 X34 Z-29
N20: G01 X40 Z-32
```

6.7.2.6. Subfase 2. Trayectoria circular programando redondeo de aristas

Se presenta a continuación la subrutina para el ciclo fijo G68, que define el perfil de la pieza de modo que los arcos se programen con redondeo de aristas:

```
N10: G01 X18 Z0
G36 I4
G01 X18 Z-19
G36 I5
G01 X28 Z-19
G01 X28 Z-29
G01 X34 Z-29
N20: G01 X40 Z-32
```

6.8. Geometría definitiva

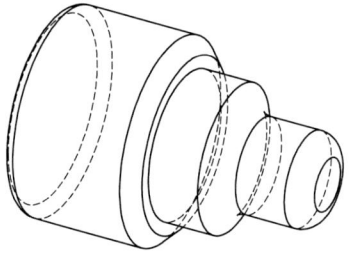

Figura 6.4. Pieza final

7

Ejercicio 6
Cilindrado con penetración

7.1. Objetivo

El objetivo del presente ejercicio es programar un ciclo fijo de cilindrado de desbaste que incluya la creación de un valle en el perfil de la pieza. Además, se aborda la programación de perfiles exteriores que contienen secciones curvas mediante la concatenación de múltiples secciones curvas.

7.2. Geometría a obtener

La geometría deseada es una pieza cilíndrica en la que se concatenan tramos curvos y rectos, destaca la presencia de un valle en el centro de la geometría. La pieza se muestra en la siguiente figura.

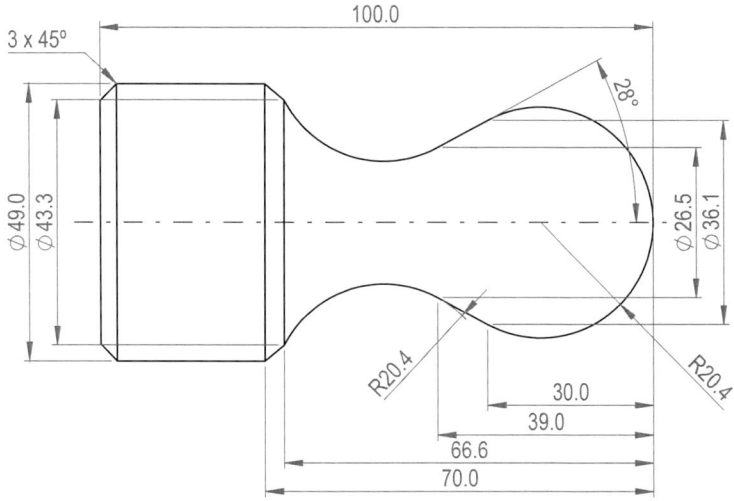

Figura 7.1. Geometría a obtener

7.3. Definición del bruto

La pieza inicial es un cilindro con un diámetro de 40 mm y una longitud de 60 mm. En la tabla siguiente se detallan las dimensiones del material en bruto para las dos subfases siguientes y se explica cómo deben ser definidas mediante un software de simulación.

Tabla 7.1. Dimensiones del bruto

	Subfase 1		Subfase 2	
	Diámetro (mm)	Longitud (mm)	Diámetro (mm)	Longitud (mm)
	50	105	50	102
	X (mm)	Z (mm)	X (mm)	Z (mm)
Mínimo	0	-15	0	-15
Máximo	50	90	50	87

7.4. Definición de orígenes

Tabla 7.2. Definición de origen de pieza

	Subfase 1		Subfase 2	
	X (mm)	Z (mm)	X (mm)	Z (mm)
G54 (8055) G159=1 (8065)	0	87	0	85

En las siguientes figuras se muestra el croquis de los mecanizados y la ubicación del cero de pieza de las dos subfases.

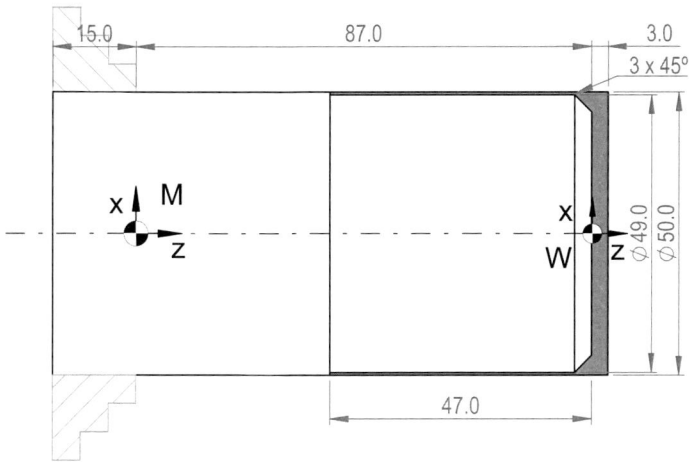

Figura 7.2. Mecanizado y origen de pieza de la subfase 1

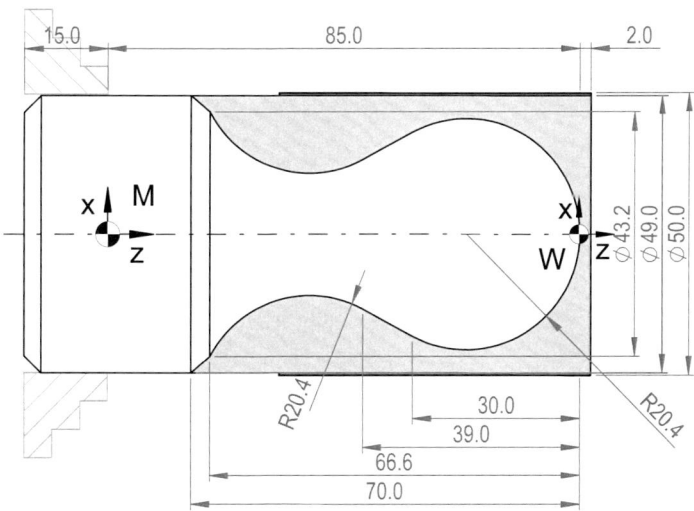

Figura 7.3. Mecanizado y origen de pieza de la subfase 2

7.5. Herramientas y condiciones de corte

Tabla 7.3. Herramientas y condiciones de corte. Ejercicio 6

Descripción	Esquema	Operación	F (mm/rev)	S (m/min)	Prof. Pasada máx. (mm)	
					Eje X	Eje Z
T01 Cilindrado/ refrentado exteriores derecha		Desbaste	0.1	300	1.0	0.5
		Acabado	0.05	300	0.5	0.2

7.6. Hoja de proceso

Tabla 7.4. Hoja de proceso

F / S / O	Designación	Herram.	Croquis
1 / 1 / 1	Mecanizado del chaflán (desbaste)	T1	
1 / 1 / 2	Refrentado de desbaste	T1	
1 / 1 / 3	Acabado del perfil exterior de la primera subfase	T1	
1 / 2 / 1	Cilindrado de desbaste y acabado de la segunda subfase	T1	

7.7. Programación

En la segunda subfase, se utilizan los comandos G02 y G03 para definir los tramos curvos. En ambos casos, se tiene la opción de programar el radio del arco o las coordenadas del centro con respecto al punto de inicio. La programación del primer arco es simple, ya que el centro del arco se encuentra en el eje de la pieza, al igual que el punto de inicio. Sin embargo, programar el segundo arco utilizando las coordenadas del centro con respecto al punto de inicio es más complicado, ya que las coordenadas del centro no son conocidas.

Al observar el plano de la pieza se aprecia que el inicio del arco no tiene arista lo que indica que el arco es tangente a la recta anterior. Si se traza una perpendicular a esta recta en el punto de tangencia con el arco se obtiene una recta que pasa por el centro tal y como se muestra en la figura. Esta línea forma un ángulo de 28 grados con la vertical. Con esta información es factible calcular las coordenadas del centro del arco con respecto al punto de tangencia utilizando trigonometría.

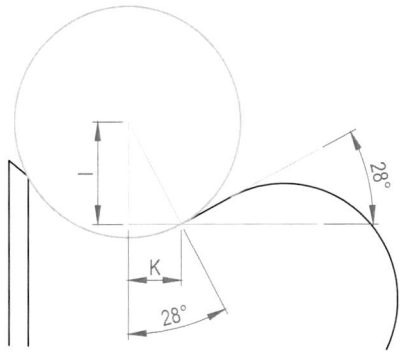

Figura 7.4. Cálculo del centro del arco

$$cos\,28 = \frac{I}{20.4} \; ; I = 18 \qquad\qquad \textbf{Ecuación 7.1}$$

$$sin\,28 = \frac{K}{20.4} \; ; K = 9.58 \qquad\qquad \textbf{Ecuación 7.2}$$

7.7.1. FAGOR 8055T

7.7.1.1. Subfase 1

```
%EJ6_SUBFASE1,MX,
(DGWZ -15,90,0,50)
(MSG "EJERCICIO6_SUBFASE1_8055T")
(ORGX54=0, ORGZ54=87)
G54
(MSG "1 / 1 / 1")
T01 D01
G95 G96 F0.1 S300 M03
G00 G42 G90 X51 Z5
```

```
G68 X43 Z0 C1 D1 L0.5 M0.2 H0 S10 E20
(MSG "1 / 1 / 2")
G00 G40 X45 Z3.2
G82 X-1 Z0 Q-1 R0 C0.5 D0.5 L0 M0.2 H0
(MSG "1 / 1 / 3")
G00 G42 X-1 Z2
G01 X-1 Z0 F0.05
G01 X43 Z0
N10 G01 X49 Z-3
N20 G01 X49 Z-47
G00 G40 X90 Z250
M05
M30
```

7.7.1.2. Subfase 2

```
%EJ6_SUBFASE2,MX,
(DGWZ -15,87,0,50)
(MSG "EJERCICIO6_SUBFASE2_8055T")
(ORGX54=0, ORGZ54=85)
G54
(MSG "1 / 1 / 1")
T01 D01
G95 G96 F0.1 S300 M03
G00 G42 G90 X51 Z3
G68 X-1 Z0 C1 D1 L0.5 M0.2 H0.05 S10 E20
G00 G40 X90 Z250
M05
M30
N10 G01 X0 Z0
G03 X36 Z-30 I0 K-20.40 ; G03 X36 Z-30 R20.4
G01 X26.4 Z-39
G02 X43.3 Z-66.6 I18 K-9.58 ; G02 X43.3 Z-66.6 R20.4
N20 G01 X49 Z-70
```

7.7.2. FAGOR 8065T

7.7.2.1. Subfase 1

```
%EJERCICIO_6_TORNO_SUBFASE_1
#DGWZ [-15,90,0,50]
#MSG ["EJERCICIO6_SUBFASE1_8065T"]
V.A.ORGT[1].X=0   V.A.ORGT[1].Z=87
G159=1
#MSG ["1 / 1 / 1"]
T01 D1
G95 G96 F0.1 S300 M03
G00 G42 G90 X51 Z5
G68 X43 Z0 C1 D1 L0.5 M0.2 H0 S10 E20
#MSG ["1 / 1 / 2"]
G00 G40 X45 Z3.2
G82 X-1 Z0 Q-1 R0 C0.5 D0.5 L0 M0.2 H0
#MSG ["1 / 1 / 3"]
G00 G42 X-1 Z2
G01 X-1 Z0 F0.05
G01 X43 Z0
N10: G01 X49 Z-3
N20: G01 X49 Z-47
G00 G40 X90 Z250
M05
M30
```

7.7.2.2. Subfase 2

```
%EJERCICIO_6_TORNO_SUBFASE_2
#DGWZ [-15,87,0,50]
#MSG ["EJERCICIO6_SUBFASE2_8055T"]
V.A.ORGT[1].X=0   V.A.ORGT[1].Z=85
G159=1
#MSG ["1 / 2 / 1"]
T01 D1
G95 G96 F0.1 S300 M03
G00 G42 G90 X51 Z3
G68 X-1 Z0 C1 D1 L0.5 M0.2 H0.05 S10 E20
```

```
G00 G40 X90 Z250
M05
M30
N10: G01 X0 Z0
G03 X36 Z-30 I0 K-20.40  ; G03 X36 Z-30 R20.4
G01 X26.4 Z-39
G02 X43.3 Z-66.6 I18 K-9.58  ; G02 X43.3 Z-66.6 R20.4
N20: G01 X49 Z-70
```

7.8. Geometría definitiva

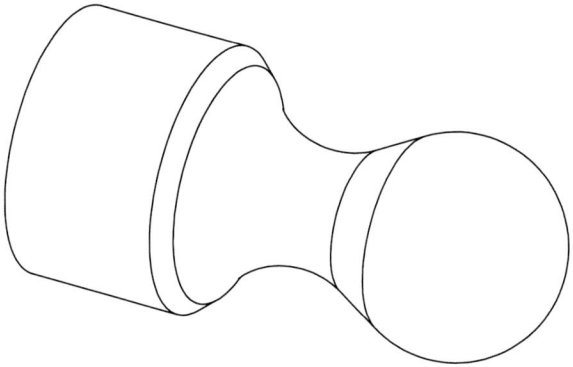

Figura 7.5. Pieza final

8
Ejercicio 7
Cilindrado con penetración II

8.1. Objetivo

En este ejercicio se consolidan los conceptos adquiridos en los dos ejercicios anteriores y se añade la dificultad de que la herramienta no pueda realizar el mecanizado de un valle al talonar la parte inferior. En el ejercicio se muestra las limitaciones producidas por la geometría de la herramienta en el mecanizado de valles y cómo se puede mecanizar este tipo de geometrías. También se introduce un nuevo ciclo de cilindrado de tramos curvos. Por lo tanto, los objetivos que se pretenden alcanzar son los siguientes:

- Utilización del ciclo fijo de cilindrado de tramos curvos.
- Programación de cilindrado de valles en el cilindrado de piezas con ángulo de penetración mayor que el ángulo de incidencia de la herramienta.

8.2. Geometría a obtener

La geometría deseada es una pieza cilíndrica con un diámetro intermedio menor que el de los extremos. La pieza se muestra en la siguiente figura.

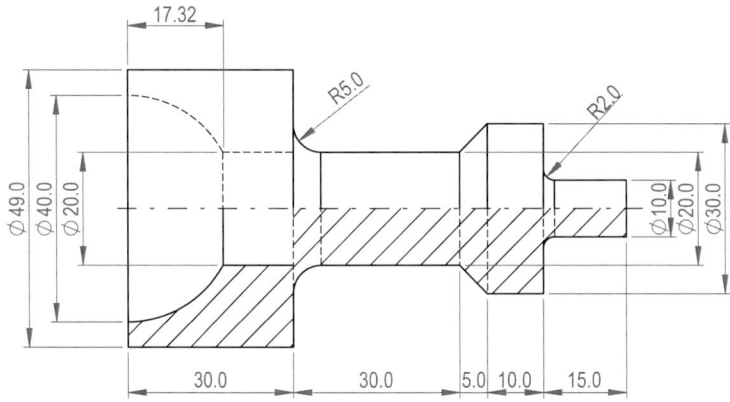

Figura 8.1. Geometría a obtener

8.3. Definición del bruto

La pieza de partida es un cilindro de 50 mm de diámetro y 94 mm de longitud. En la siguiente tabla se define las dimensiones del bruto para las dos subfases.

Tabla 8.1. Dimensiones del bruto

	Subfase 1		Subfase 2	
	Diámetro (mm)	Longitud (mm)	Diámetro (mm)	Longitud (mm)
	50	94	50	92
	X (mm)	Z (mm)	X (mm)	Z (mm)
Mínimo	0	-15	0	-15
Máximo	50	79	50	77

8.4. Definición de orígenes

Tabla 8.2. Definición de origen de pieza

	Subfase 1		Subfase 2	
	X (mm)	Z (mm)	X (mm)	Z (mm)
G54 (8055) G159=1 (8065)	0	77	0	75

En las figuras se muestra la disposición de los orígenes y el esquema del mecanizado de las dos subfases.

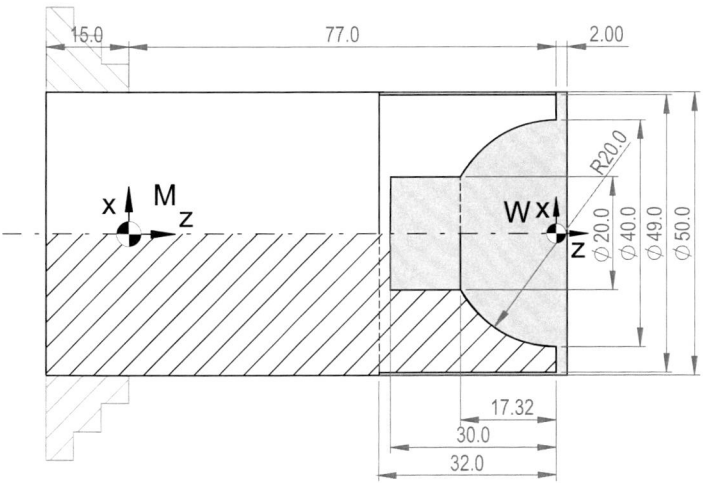

Figura 8.2. Mecanizado y origen de pieza de la subfase 1

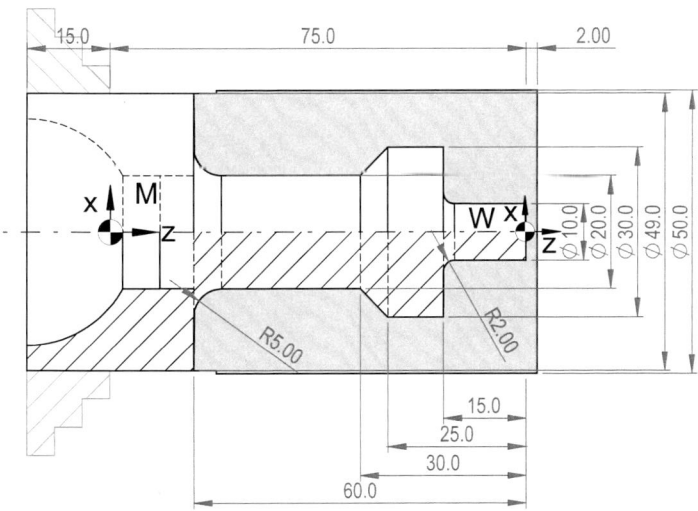

Figura 8.3. Mecanizado y origen de pieza de la subfase 2

8.5. Herramientas y condiciones de corte

Tabla 8.3. Herramientas y condiciones de corte

Descripción	Esquema	Operación	F (mm/rev)	S (m/min)	Prof. Pasada máx. (mm)	
					Eje X	Eje Z
T01 Cilindrado/ refrentado exteriores derecha		Desbaste	0.1	300	1.0	0.5
		Acabado	0.05	300	0.5	0.2
T02 Cilindrado/ refrentado exteriores izquierda		Desbaste	0.1	300	1.0	0.5
		Acabado	0.05	300	0.5	0.2
T06 Mandrinado		Desbaste	0.05	150	0.5	0.3
		Acabado	0.03	150	0.3	0.1

Descripción	Esquema	Operación	F (mm/min)	S (rev/min)	Prof. Pasada máx. (mm)	
					Eje X	Eje Z
T04 Broca puntear D4		Puntear	200	1000	-	4
T07 Broca D10		Taladrado	100	480	-	10
T05 Broca plaquitas D20		Taladrado	50	240	-	10

8.6. Hoja de proceso

Tabla 8.4. Hoja de proceso

F / S / O	Designación	Herram.	Croquis
1 / 1 / 1	Cilindrado de acabado	T1	
1 / 1 / 2	Refrentado (desbaste y acabado)	T1	
1 / 1 / 3	Punteado de 3 mm de profundidad	T4	
1 / 1 / 4	Taladrado hasta Z-30 en el eje de la pieza con broca de 10 mm de diámetro.	T7	
1 / 1 / 5	Taladrado hasta Z-30 en el eje de la pieza con broca de 20 mm de diámetro.	T5	
1 / 1 / 6	Mandrinado de desbaste y acabado interior hasta tramo curvo	T6	
1 / 2 / 1	Cilindrado de desbaste y acabado a derechas hasta perfil	T1	
1 / 2 / 2	Refrentado de desbaste y acabado eliminando 2 mm en total	T1	
1 / 2 / 3	Cilindrado a izquierdas para eliminar material restante	T2	

8.7. Programación

La dificultad de este ejercicio radica en que la herramienta T1 no puede penetrar directamente en el valle central de la pieza. Si se intenta mecanizar el valle directamente la herramienta colisionaría con la pieza, ya que su ángulo de incidencia denla herramienta es menor que el ángulo de la pieza. El ángulo de incidencia de la herramienta T1 es 30º mientras que el ángulo de entrada al valle por la derecha es de 45º. En la figura se muestra la colisión que se produciría por talonamiento.

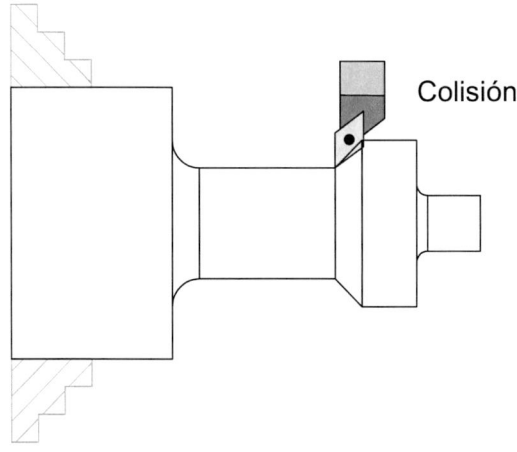

Figura 8.4. Penetración de la herramienta a derechas en el valle

Para mecanizar la parte central de la pieza se debe hacer en dos pasos. En el primer paso se utiliza la herramienta de cilindrar a derechas (T1) y se programa el valle con un ángulo inferior al de incidencia de la herramienta para que no colisione. El ángulo de incidencia de la herramienta es de 30º, por lo que el ángulo de entrada debe ser menor para evitar la colisión.

Por lo tanto, utilizando trigonometría se calcula un punto que permita la entrada de la herramienta en el valle sin que la herramienta talone tal y como se muestra en la figura, para los cálculos se utiliza un ángulo de 28º. El cálculo proporciona una distancia de 9.4 mm pero la dimensión se redondea a 9.5 mm para tener una posición más conservadora y asegurar que la herramienta no colisiona.

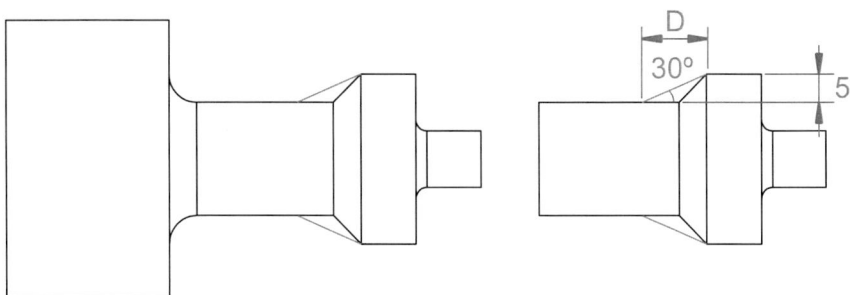

Figura 8.5. Esquema para determinar punto de penetración en valle

$$tan\,28 = \frac{5}{D}\ ; D = 9.4$$

Ecuación 8.1

En el segundo paso se utiliza una herramienta a izquierdas que permita mecanizar el material de la derecha del valle que se ha dejado en el primer paso.

8.7.1. FAGOR 8055T

8.7.1.1. Subfase 1

```
%EJ7_SUBFASE1,MX,
(DGWZ -15,79,0,50)
(MSG "EJERCICIO7_SUBFASE1_8055T")
(ORGX54=0, ORGZ54=77)
G54
(MSG "1 / 1 / 1")
T01 D01 ; Herramienta exterior derechas
G95 G96 F0.05 S300 M03
G00 G90 X49 Z4
G01 Z-32
G01 X52
(MSG "1 / 1 / 2")
G00 X51 Z2.2 F0.1
G82 X-1 Z0 Q-1 R2 C0.5 D0.5 L0 M0.2 H0.05
G00 X90 Z250
(MSG "1 / 1 / 3")
T4 D4 ; Broca de puntear
G94 G97 F200 S1000
G00 X0 Z4
G01 X0 Z-3
G00 Z250
(MSG "1 / 1 / 4")
T7 D7 ; Broca D10
F100 S480
G00 X0 Z4
G83 X0 Z0 I32 B10 D1 K100 H0 C1
G00 Z250
(MSG "1 / 1 / 5")
T5 D5 ; Broca plaquitas D20
```

```
G00 X0 Z4 F50 S240
G83 X0 Z0 I32 B10 D1 K100 H0 C1
G00 Z250
T06 D06 ; Herramienta mandrinado
F50 S2400
(MSG "1 / 1 / 6")
G95 G96 F0.03 S150
G00 G41 X19 Z2
G84 X40 Z0 Q20 R-17.32 C0.5 D0.5 L0.3 M0.1 H0.03 I-20 K0
G00 G40 X90 Z250
M05
M30
```

8.7.1.2. Subfase 2

```
%EJ7_SUBFASE2,MX,
(DGWZ -15,77,0,50)
(MSG "EJERCICIO7_SUBFASE2_8055T")
(ORGX54=0, ORGZ54=75)
G54
(MSG "1 / 2 / 1")
T01 D01 ; Herramienta exterior derechas
G95 G96 F0.1 S300 M03
G00 G42 G90 X52 Z4
G68 X10 Z0 C1 D1 L0.5 M0.2 H0.05 S10 E20
(MSG "1 / 2 / 2")
G00 G40 X11 Z2.2
G82 X-1 Z0 Q-1 R2 C0.5 D0.5 L0 M0.2 H0.05
G00 X90 Z250
(MSG "1 / 2 / 3")
T02 D02 ; Herramienta exterior izquierdas
G00 G41 X32 Z-35
G81 X20 Z-25 Q30 R-20 C1 D1 L0.5 M0.2 H0.05
G00 G40 X90 Z250
M05
M30
N10 G01 X10 Z0
G01 X10 Z-13
```

```
G02 X14 Z-15 R2
G01 X30 Z-15
G01 X30 Z-25
G01 X20 Z-34.5
G01 X20 Z-55
G02 X30 Z-60 R5
N20 G01 X50 Z-60
```

8.7.2. FAGOR 8065T

8.7.2.1. Subfase 1

```
%EJERCICIO_7_TORNO_SUBFASE_1
#DGWZ [-15,79,0,50]
#MSG ["EJERCICIO7_SUBFASE1_8065T"]
V.A.ORGT[1].X=0   V.A.ORGT[1].Z=77
G159=1
#MSG ["1 / 1 / 1"]
```

T01 D1 ; Herramienta exterior derecha
```
G95 G96 F0.05 S300 M03
G00 G90 X49 Z4
G01 Z-32
G01 X52
#MSG ["1 / 1 / 2"]
G00 X51 Z2.2 F0.1
G82 X-1 Z0 Q-1 R2 C0.5 D0.5 L0 M0.2 H0.05
G00 X90 Z250
#MSG ["1 / 1 / 3"]
```

T4 D1 ; Broca de puntear
```
G94 G97 F50 S500
G00 X0 Z4
G01 X0 Z-3
G00 Z250
#MSG ["1 / 1 / 4"]
```

T7 D1 ; Broca D10
```
F100 S480
G00 X0 Z4
G83 X0 Z0 I32 B10 D1 K100 H0 C1
```

```
G00 Z250
#MSG ["1 / 1 / 5"]
T5 D1 ; Broca plaquitas D20
F50 S240
G00 X0 Z4
G83 X0 Z0 I32 B10 D1 K100 H0 C1
G00 Z250
T06 D1 ; Herramienta mandrinado
#MSG ["1 / 1 / 6"]
G95 G96 F0.03 S150
G00 G41 X19 Z2
G84 X40 Z0 Q20 R-17.32 C0.5 D0.5 L0.3 M0.1 H0.03 I-20 K0
G00 G40 X90 Z250
M05
M30
```

8.7.2.2. Subfase 2

```
%EJERCICIO_7_TORNO_SUBFASE_2
#DGWZ [-15,77,0,50]
#MSG ["EJERCICIO7_SUBFASE2_8065T"]
V.A.ORGT[1].X=0   V.A.ORGT[1].Z=75
G159=1
#MSG ["1 / 2 / 1"]
T01 D1 ; Herramienta exterior derechas
G95 G96 F0.1 S300 M03
G00 G42 G90 X52 Z4
G68 X10 Z0 C1 D1 L0.5 M0.2 H0.05 S10 E20
#MSG ["1 / 2 / 2"]
G00 G40 X11 Z2.2
G82 X-1 Z0 Q-1 R2 C0.5 D0.5 L0 M0.2 H0.05
G00 X90 Z250
#MSG ["1 / 2 / 3"]
T02 D1 ; Herramienta exterior izquierdas
G00 G41 X32 Z-35
G81 X20 Z-25 Q30 R-20 C1 D1 L0.5 M0.2 H0.05
G00 G40 X90 Z250
```

```
M05
M30
N10: G01 X10 Z0
G01 X10 Z-13
G02 X14 Z-15 R2
G01 X30 Z-15
G01 X30 Z-25
G01 X20 Z-34.5
G01 X20 Z-55
G02 X30 Z-60 R5
N20: G01 X50 Z-60
```

8.8. Geometría definitiva

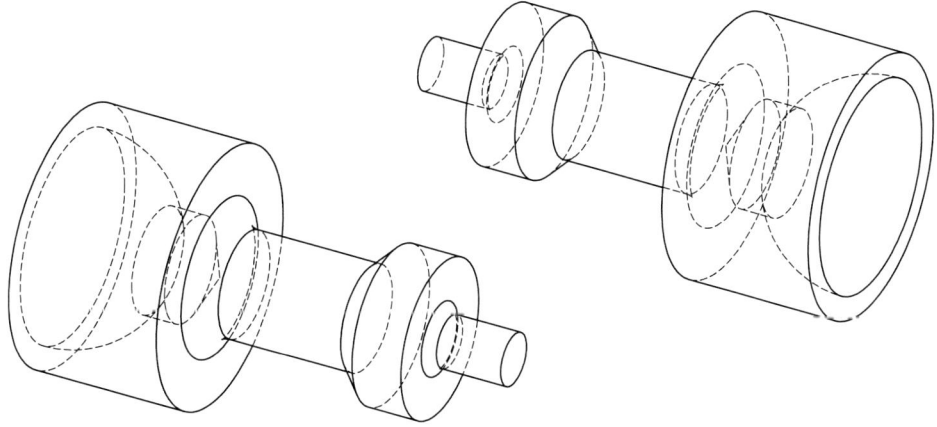

Figura 8.6. Pieza final

9
Ejercicio 8
Mecanizado de ranuras

9.1. Objetivo

El propósito de este ejercicio es familiarizarse con el mecanizado de ranuras, tanto mediante un ciclo fijo específico como a través de su programación manual. También se abordará la instrucción de temporización, que es fundamental en la programación manual. En el proceso de mecanizado de ranuras, se emplea una herramienta específica que posibilita la creación de ranuras con diferentes dimensiones de ancho y profundidad.

9.2. Geometría a obtener

La geometría a mecanizar es una pieza cilíndrica en la que destacan tres ranuras de 3 mm de ancho y 5 mm de profundidad, además de una ranura de 20 mm de ancho y 6.5 mm de profundidad.

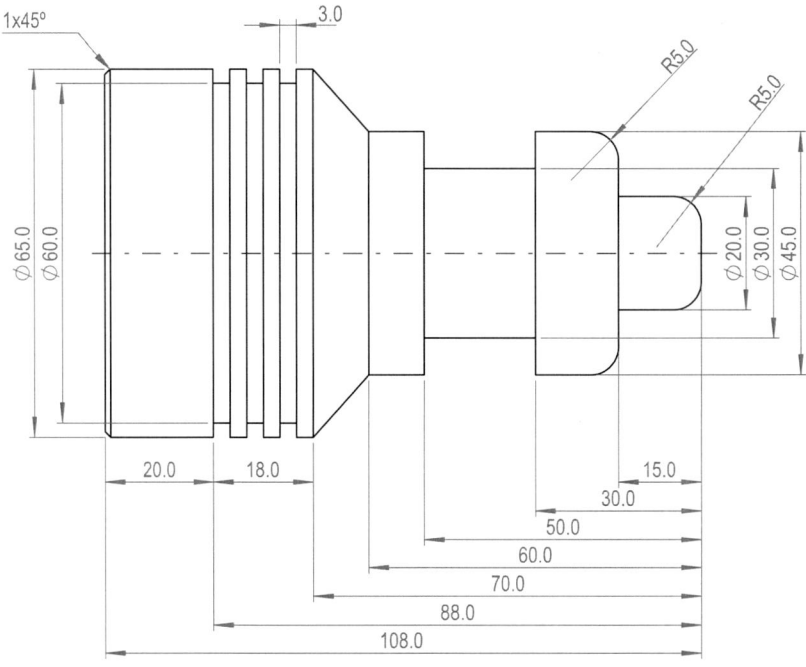

Figura 9.1. Geometría a obtener

9.3. Definición del bruto

La pieza de partida es un cilindro de 70 mm de diámetro y 113 mm de longitud. En la siguiente tabla se define las dimensiones del bruto para las dos subfases.

Tabla 9.1. Dimensiones del bruto. Ejercicio 8

	Subfase 1		Subfase 2	
	Diámetro (mm)	Longitud (mm)	Diámetro (mm)	Longitud (mm)
	70	113	70	111.5
	X (mm)	Z (mm)	X (mm)	Z (mm)
Mínimo	0	-15	0	-15
Máximo	70	98	70	96.5

9.4. Definición de orígenes

Tabla 9.2. Definición de origen de pieza

	Subfase 1		Subfase 2	
	X (mm)	Z (mm)	X (mm)	Z (mm)
G54 (8055) G159=1 (8065)	0	96.5	0	94

En las figuras se muestra la disposición de los orígenes y el esquema del mecanizado de las dos subfases.

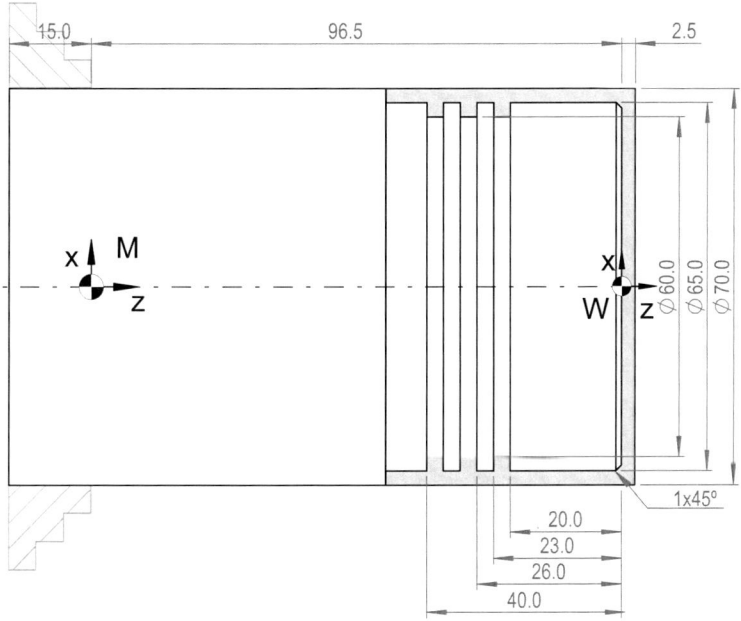

Figura 9.2. Mecanizado y origen de pieza de la subfase 1

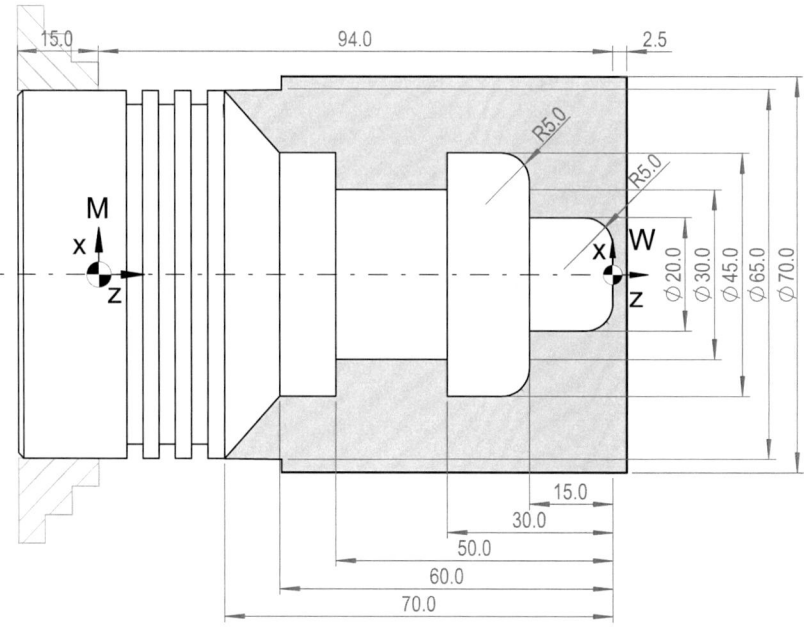

Figura 9.3. Mecanizado y origen de pieza de la subfase 2

9.5. Herramientas y condiciones de corte

Tabla 9.3. Herramientas y condiciones de corte

Descripción	Esquema	Operación	F (mm/rev)	S (m/min)	Prof. Pasada máx. (mm)	
					Eje X	Eje Z
T01 Cilindrado/ refrentado exteriores derecha		Desbaste	0.1	300	1.0	0.5
		Acabado	0.05	300	0.5	0.2
T03 Ranurado			0.04	50	5	3

9.6. Hoja de proceso

Tabla 9.4. Hoja de proceso

F / S / O	Designación	Herram.	Croquis
1 / 1 / 1	Cilindrado de exteriores hasta perfil de pieza partiendo desde el extremo en diámetro 63 mm.	T1	
1 / 1 / 2	Refrentado de desbaste y acabado eliminando 2.5 mm en total	T1	
1 / 1 / 3	Mecanizado de 3 ranuras de 3 mm ancho y 5 mm de profundidad	T3	
1 / 2 / 1	Cilindrado de exteriores hasta perfil de pieza partiendo desde el extremo en diámetro 10 mm.	T1	
1 / 2 / 2	Refrentado de desbaste y acabado eliminando 2.5 mm en total	T1	
1 / 2 / 3	Mecanizado de una ranura de 20 mm ancho y 6.5 mm de profundidad	T3	

9.7. Programación

En la primera subfase del ejercicio, se encuentran tres ranuras que tienen el mismo ancho que la herramienta utilizada. Esto facilita la programación del ranurado mediante movimientos manuales. Para llevar a cabo estos movimientos, se han programado utilizando coordenadas incrementales. Esta programación se realizó una sola vez y se repitió la secuencia dos veces más después de ajustar el punto de inicio. Al programar manualmente una ranura, es necesario incorporar el comando de temporización (G04) para garantizar que el ranurado se lleve a cabo en todo el perímetro de la pieza.

En la segunda subfase, se requiere el mecanizado de una ranura más ancha que la herramienta de ranurado. Por lo tanto, se recomienda emplear el ciclo fijo de ranurado, ya que el controlador del torno realizará automáticamente las penetraciones necesarias para obtener la ranura deseada. Además, este ciclo incluye la temporización en el fondo de la ranura por lo que no es necesaria programarla manualmente.

9.7.1. FAGOR 8055T

9.7.1.1. Subfase 1

```
%EJ8_SUBFASE1,MX,
(DGWZ -15,96.5,0,70)
(MSG "EJERCICIO8_SUBFASE1_8055T")
(ORGX54=0, ORGZ54=96.5)
G54
(MSG "1 / 1 / 1")
T01 D01
G95 G96 F0.1 S300 M03
G00 G42 G90 X71 Z5
G68 X63 Z0 C1 D1 L0.5 M0.2 H0.05 S10 E20
(MSG "1 / 1 / 2")
G00 G40 X65 Z2.7
G82 X-1 Z0 Q-1 R2.5 C0.5 D0.5 L0.2 M0 H0.05
G00 X90 Z250
(MSG "1 / 1 / 3")
T03 D03 ; Hta. de ranurado
G00 X67 Z-35 F0.04 S50 ; Aproximación a 1ª ranura y condiciones de corte ranurado
N30 G01 G91 X-7 ; Paso a relativas y penetración en ranura
G04 K100 ; Pausa de 100 centésimas de segundo (1 s.)
G00 X7
N40 Z6
(RPT N30, N40) N2 ; Repetición
G00 G90 X90 Z250 ; Paso a absolutas y retirada hta.
M05
M30
N10 G01 X65 Z-1
N20 G01 X65 Z-40
```

9.7.1.2. Subfase 2

```
%EJ8_SUBFASE2,MX,
(DGWZ -15,96.5,0,70)
(MSG "EJERCICIO8_SUBFASE2_8055T")
(ORGX54=0, ORGZ54=94)
```

```
G54
(MSG "1 / 2 / 1")
T01 D01
G95 G96 F0.1 S300 M03
G00 G42 G90 X71 Z5
G68 X10 Z0 C1 D1 L0.5 M0.2 H0.05 S10 E20
(MSG "1 / 2 / 2")
G00 G40 X12 Z2.7
G82 X-1 Z0 Q-1 R2.5 C0.5 D0.5 L0.2 M0 H0.05
G00 X90 Z250
(MSG "1 / 2 / 3")
T03 D03 ; Hta. de ranurado
G00 X50 Z-40 F0.04 S50 ; Aproximación a ranura y condiciones de corte ranurado
G88 X45 Z-50 Q30 R-30 C3 D1 K100 ; Ciclo fijo ranurado
G00 X90 Z250
M05
M30
N10 G03 X20 Z-5 R5 ; G03 X20 Z-5 I0 K-5
G01 X20 Z-15
G01 X35 Z-15
G03 X45 Z-20 R5 ; G03 X45 Z-20 I0 K-5
G01 X45 Z-60
N20 G01 X65 Z-70
```

9.7.2. FAGOR 8065T

9.7.2.1. Subfase 1

```
%EJERCICIO_8_TORNO_SUBFASE_1
#DGWZ [-15,96.5,0,70]
#MSG ["EJERCICIO8_SUBFASE1_8065T"]
V.A.ORGT[1].X=0 V.A.ORGT[1].Z=96.5
G159=1
#MSG ["1 / 1 / 1"]
T01 D1
G95 G96 F0.1 S300 M03
G00 G42 G90 X71 Z5
G68 X63 Z0 C1 D1 L0.5 M0.2 H0.05 S10 E20
```

```
#MSG ["1 / 1 / 2"]
G00 G40 X65 Z2.7
G82 X-1 Z0 Q-1 R2.5 C0.5 D0.5 L0.2 M00 H0.05
G00 X90 Z250
#MSG ["1 / 1 / 3"]
T03 D1
G00 X67 Z-35 F0.04 S50 ; Aproximación a 1ª ranura y condiciones de corte ranurado
N30: G01 G91 X-7 ; Paso a relativas y penetración en ranura
G04 1 ; Pausa de 1 segundo
G00 X7
Z6
N40:
#RPT [ N30,N40,2 ] ; Repetición
G00 G90 X90 Z250 ; Paso a absolutas y retirada hta.
M05
M30
N10: G01 X65 Z-1
N20: G01 X65 Z-40
```

9.7.2.2. Subfase 2

```
%EJERCICIO_8_TORNO_SUBFASE_2
#DGWZ [-15,96.5,0,70]
#MSG ["EJERCICIO8_SUBFASE2_8065T"]
V.A.ORGT[1].X=0  V.A.ORGT[1].Z=94
G159=1
#MSG ["1 / 2 / 1"]
T01 D1
G95 G96 F0.1 S300 M03
G00 G42 G90 X71 Z5
G68 X10 Z0 C1 D1 L0.5 M0.2 H0.05 S10 E20
#MSG ["1 / 2 / 2"]
G00 G40 X12 Z2.7
G82 X-1 Z0 Q-1 R2.5 C0.5 D0.5 L0.2 M00 H0.05
G00 X90 Z250
#MSG ["1 / 2 / 3"]
T03 D1 ; Hta. de ranurado
```

```
G00 X50 Z-40 F0.04 S50  ; Aproximación a ranura y condiciones de corte ranurado
G88 X45 Z-50 Q30 R-30 C3 D1 K100 ; Ciclo fijo ranurado
G00 X90 Z250
M05
M30
N10: G03 X20 Z-5 R5 ; G03 X20 Z-5 I0 K-5
G01 X20 Z-15
G01 X35 Z-15
G03 X45 Z-20 R5 ; G03 X45 Z-20 I0 K-5
G01 X45 Z-60
N20: G01 X65 Z-70
```

9.8. Geometría definitiva

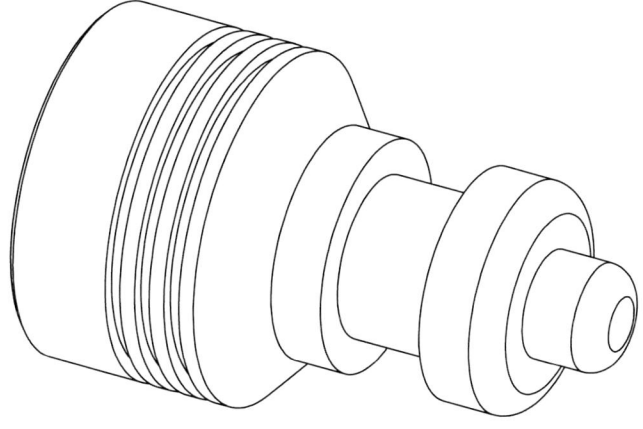

Figura 9.4. Pieza final

10
Ejercicio 9
Mandrinado y tronzado

10.1. Objetivo

En este ejercicio se propone mecanizar por torneado una pieza en la que hay que eliminar una cantidad considerable de material en la parte central y longitudinal de la misma. Los objetivos específicos de este ejercicio son los siguientes:

- Programar vaciados de material utilizando el ciclo fijo de ranurado.
- Realizar el ranurado de la pieza una vez finalizada.
- Revisar y repasar todos los procesos de mecanizado que se han utilizado en ejercicios anteriores.

10.2. Geometría a obtener

La geometría a obtener es similar a una copa de vino a escala.

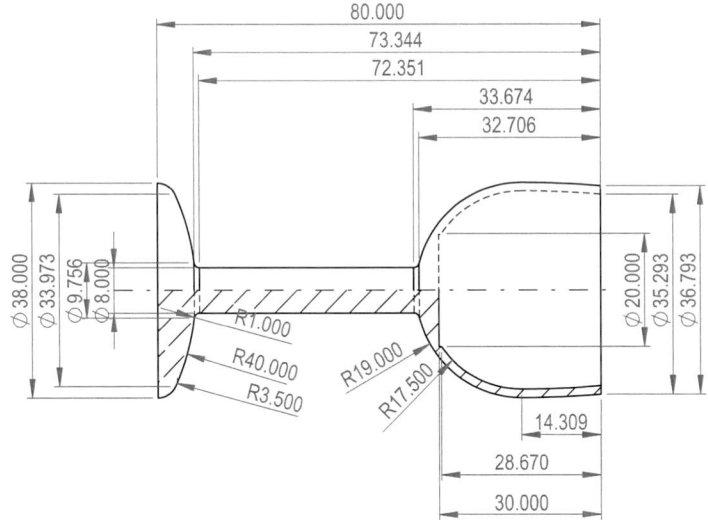

Figura 10.1. Geometría a obtener

10.3. Definición del bruto

La pieza de partida es un cilindro de 40 mm de diámetro y 102 mm de longitud. El ejercicio se realiza en una única subfase ya que no se cambia la sujeción de la pieza.

Tabla 10.1. Dimensiones del bruto

	Subfase 1	
	Diámetro (mm)	Longitud (mm)
	40	102
	X (mm)	Z (mm)
Mínimo	0	-15
Máximo	40	87

10.4. Definición de origen

Tabla 10.2. Definición de origen de pieza

	Subfase 1	
	X (mm)	Z (mm)
G54 (8055) G159=1 (8065)	0	85

En la figura se muestra la disposición del origen y el esquema del mecanizado.

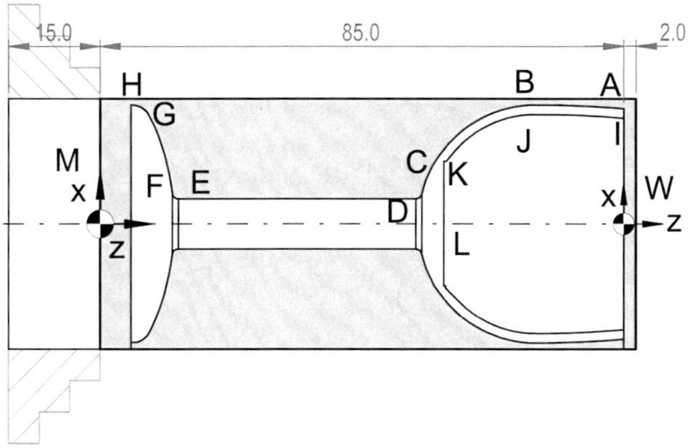

Figura 10.2. Mecanizado y origen de pieza

Dada la complejidad de la pieza en la tabla siguiente se listan las coordenadas de los puntos más importantes. La coordenada X se proporciona en diámetros.

Tabla 10.3. Coordenadas de puntos relevantes

Punto	Coordenada X (mm)	Coordenada Z (mm)
A	36.780	0.000
B	38.000	-14.309
C	9.500	-32.706
D	8.000	-33.674
E	8.000	-72.351
F	9.756	-73.344
G	33.973	-76.831
H	38.000	-80.000
I	33.800	0.000
J	35.000	-14.309
K	20.000	-28.670
L	0.000	-30.000

También se facilita los radios de los arcos para su programación.

Tabla 10.4. Radios de los arcos

Arco	Radio (mm)
A-B	170.0
B-C	19.0
C-D	1.0
E-F	1.0
F-G	40.0
G-H	3.5
I-J	17.5
J-K	170.0

10.5. Herramientas y condiciones de corte

Tabla 10.5. Herramientas y condiciones de corte

Descripción	Esquema	Operación	F (mm/rev)	S (m/min)	Prof. Pasada máx. (mm)	
					Eje X	Eje Z
T01 Cilindrado/ refrentado exteriores derecha		Desbaste	0.1	300	1.0	0.5
		Acabado	0.05	300	0.5	0.2
T02 Cilindrado/ refrentado exteriores izquierda		Desbaste	0.1	300	1.0	0.5
		Acabado	0.05	300	0.5	0.2
T03 Ranurado		Ranurado	0.04	50	5	3

Continúa en la página siguiente

Descripción	Esquema	Operación	F (mm/rev)	S (m/min)	Prof. Pasada máx. (mm)	
					Eje X	Eje Z
T06 Mandrinado		Desbaste	0.05	300	0.5	0.3
		Acabado	0.03	300	0.3	0.1
T10 Tronzado		Tronzado	0.04	50	5	2.5

Descripción	Esquema	Operación	F (mm/min)	S (rev/min)	Prof. Pasada máx. (mm)	
					Eje X	Eje Z
T04 Broca puntear D4		Puntear	200	1000	-	4
T07 Broca D10		Taladrado	100	480	-	10
T05 Broca plaquitas D20		Taladrado	50	240	-	10

10.6. Hoja de proceso

Tabla 10.6. Hoja de proceso

F / S / O	Designación	Herram.	Croquis
1 / 1 / 1	Punteado de 3 mm de profundidad	T4	
1 / 1 / 2	Taladrado hasta Z-30 en el eje de la pieza con broca de diámetro 10 mm.	T7	
1 / 1 / 3	Taladrado hasta Z-30 en el eje de la pieza con broca de diámetro 20 mm.	T5	
1 / 1 / 4	Cilindrado de exteriores hasta perfil de pieza partiendo desde la boca de copa (Z=0) mm hasta Z-85.	T1	
1 / 1 / 5	Mandrinado curvo del interior del cáliz.	T6	
1 / 1 / 6	Ranurado del tallo de la copa.	T3	
1 / 1 / 7	Cilindrado a izquierdas de la parte inferior del cáliz de la copa.	T2	
1 / 1 / 8	Cilindrado a derechas del pie de la copa.	T1	
1 / 1 / 9	Tronzado de la copa	T10	

10.7. Programación

Para el mecanizado es necesario concatenar todas las operaciones de mecanizado utilizadas en los ejercicios anteriores y finalizar con un tronzado de la pieza.

Desde un punto de vista industrial, este tipo de fabricación no es recomendable ya que es un proceso de mecanizado lento por lo que no es económico y además se elimina una gran cantidad de material. Este mecanizado se utilizará para piezas puntales que se fabriquen en tiradas muy cortas.

10.7.1. FAGOR 8055T

10.7.1.1. Subfase 1

```
%EJ9_SUBFASE1,MX,
(DGWZ -15,87,0,40)
(MSG "EJERCICIO9_SUBFASE1_8055T")
(ORGX54=0, ORGZ54=85)
G54
(MSG "1 / 1 / 1")
T04 D04
G94 G97 F50 S500 M03
G00 X0 Z4
G01 X0 Z-3
G00 Z250
(MSG "1 / 1 / 2")
T07 D07
F100 S240
G00 X0 Z4
G83 X0 Z0 I30 B10 D1 K100 H0 C1
G00 Z250
(MSG "1 / 1 / 3")
T05 D05
F50 S240
G00 X0 Z4
G83 X0 Z0 I30 B10 D1 K100 H0 C1
G00 Z250
(MSG "1 / 1 / 4")
T01 D01
G95 G96 F0.1 S300
G00 G42 G90 X41 Z3
G68 X32 Z0 C1 D1 L0.5 M0.2 H0.05 S10 E20
G00 G40 X90 Z250
(MSG "1 / 1 / 5")
T06 D06
F0.03 S150
G00 G41 X19 Z2
G68 X33.8 Z0 C0.5 D0.5 L0.3 M0.1 K0.02 H0.03 S30 E40
G00 G40 X90 Z450
```

```
(MSG "1 / 1 / 6")
T03 D03
G00 X42 Z-50 F0.04 S50
G88 X40 Z-60 Q8 R-35 C3 D1 K100
G00 X90 Z400
(MSG "1 / 1 / 7")
T02 D02
G00 G41 X40 Z-36 F0.1 S300
G68 X8 Z-35 C1 D1 L0.5 M0.2 H0.05 S50 E60
G00 G40 X90 Z400
(MSG "1 / 1 / 8")
T01 D01
G00 G42 X40 Z-59
G68 X8 Z-60 C1 D1 L0.5 M0.2 H0.05 S70 E80
G00 G40 X90 Z400
(MSG "1 / 1 / 9")
T10 D10
G00 X40 Z-82.5 F0.04 S50
G01 X2
G01 X-2
G00 X50
G00 Z400
M05
M30
N10 G01 X36.78 Z0
G03 X38 Z-14.309 R170
N20 G01 X38 Z-85
N30 G03 X35 Z-14.309 R170
N40 G03 X20 Z-28.67 R17.5
N50 G01 X8 Z-33.674
G03 X9.5 Z-32.706 R1
G02 X38 Z-14.309 R19
N60 G01 X38 Z-12
N70 G01 X8 Z-72.351
G02 X9.756 Z-73.344 R1
G03 X33.973 Z-76.831 R40
G03 X38 Z-80 R3.5
N80 G01 X38 Z-85
```

10.7.2. FAGOR 8065T

10.7.2.1. Subfase 1

```
%EJERCICIO_9_TORNO_SUBFASE_1
#DGWZ [-15,87,0,40]
#MSG ["EJERCICIO9_SUBFASE1_8065T"]
V.A.ORGT[1].X=0   V.A.ORGT[1].Z=85
G159=1
#MSG ["1 / 1 / 1"]
T04 D1
G94 G97 F50 S500 M03
G00 X0 Z4
G01 X0 Z-3
G00 Z250
#MSG ["1 / 1 / 2"]
T07 D1
F100 S480
G00 X0 Z4
G83 X0 Z0 I30 B10 D1 K100 H0 C1
G00 Z250
#MSG ["1 / 1 / 3"]
T05 D1 ; BROCA PLAQUITAS D20
F50 S240
G00 X0 Z4
G83 X0 Z0 I30 B10 D1 K100 H0 C1
G00 Z250
#MSG ["1 / 1 / 4"]
T01 D1
G95 G96 F0.1 S300
G00 G42 G90 X41 Z3
G68 X32 Z0 C1 D1 L0.5 M0.2 H0.05 S10 E20
G00 G40 X90 Z250
#MSG ["1 / 1 / 5"]
T06 D1
F0.03 S150
G00 G41 X19 Z2
G68 X33.8 Z0 C0.5 D0.5 L0.3 M0.1 K0.02 H0.03 S30 E40
G00 G40 X90 Z450
```

```
#MSG ["1 / 1 / 6"]
T03 D1
G00 X42 Z-50 F0.04 S50
G88 X40 Z-60 Q8 R-35 C3 D1 K100
G00 X90 Z400
#MSG ["1 / 1 / 7"]
T02 D1
G00 G41 X40 Z-36 F0.1 S300
G68 X8 Z-35 C1 D1 L0.5 M0.2 H0.05 S50 E60
G00 G40 X90 Z400
#MSG ["1 / 1 / 8"]
T01 D1
G00 G42 X40 Z-59
G68 X8 Z-60 C1 D1 L0.5 M0.2 H0.05 S70 E80
G00 G40 X90 Z400
#MSG ["1 / 1 / 9"]
T10 D1
G00 X40 Z-82.5 F0.04 S50
G01 X2
G01 X-2
G00 X50
G00 Z400
M05
M30
N10: G01 X36.78 Z0
G03 X38 Z-14.309 R170
N20: G01 X38 Z-85
N30: G03 X35 Z-14.309 R170
N40: G03 X20 Z-28.67 R17.5
N50: G01 X8 Z-33.674
G03 X9.5 Z-32.706 R1
G02 X38 Z-14.309 R19
N60: G01 X38 Z-12
N70: G01 X8 Z-72.351
G02 X9.756 Z-73.344 R1
G03 X33.973 Z-76.831 R40
G03 X38 Z-80 R3.5
N80: G01 X38 Z-85
```

10.8. Geometría definitiva

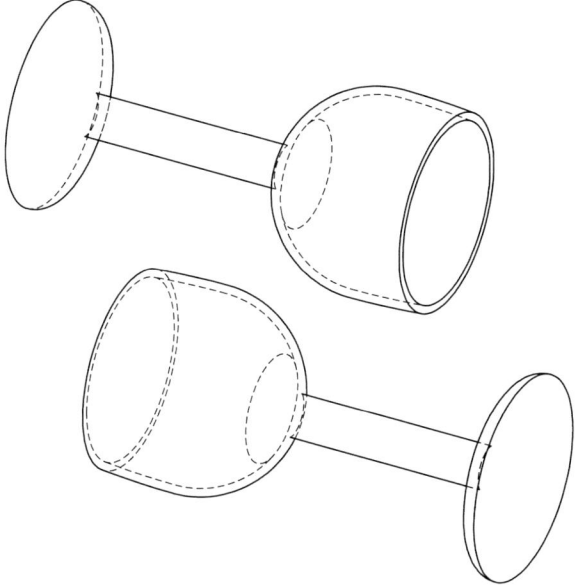

Figura 10.3. Pieza final

11

Ejercicio 10
Roscado exterior e interior

11.1. Objetivo

El objetivo de este ejercicio es aprender a utilizar el ciclo fijo de roscado longitudinal para realizar roscas exteriores e interiores. Además, el ejercicio repasa las principales operaciones de mecanizado utilizadas en el torneado.

11.2. Geometría a obtener

La geometría a obtener se caracteriza por tener dos roscas, una por cada extremo. En el primer extremo tiene una rosca interior de métrica 60 y paso 1.5 y por el otro extremo tiene una rosca exterior de métrica 32 y paso 1.5.

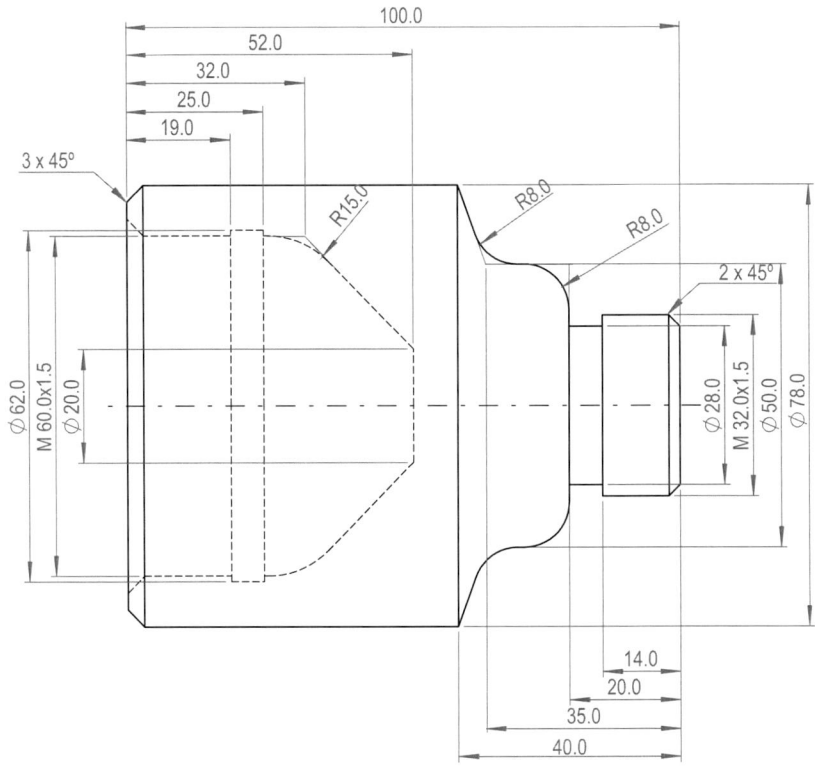

Figura 11.1. Geometría a obtener

11.3. Definición del bruto

La pieza de partida es un cilindro de 80 mm de diámetro y 104 mm de longitud. En la siguiente tabla se define las dimensiones del bruto para las dos subfases.

Tabla 11.1. Dimensiones del bruto

	Subfase 1		Subfase 2	
	Diámetro (mm)	**Longitud (mm)**	**Diámetro (mm)**	**Longitud (mm)**
	80	104	80	102
	X (mm)	**Z (mm)**	**X (mm)**	**Z (mm)**
Mínimo	0	-15	0	-15
Máximo	80	89	80	87

11.4. Definición de orígenes

Tabla 11.2. Definición de origen de pieza

	Subfase 1		Subfase 2	
	X (mm)	Z (mm)	X (mm)	Z (mm)
G54 (8055) G159=1 (8065)	0	87	0	85

En las figuras se muestra la disposición de los orígenes y el esquema del mecanizado de las dos subfases.

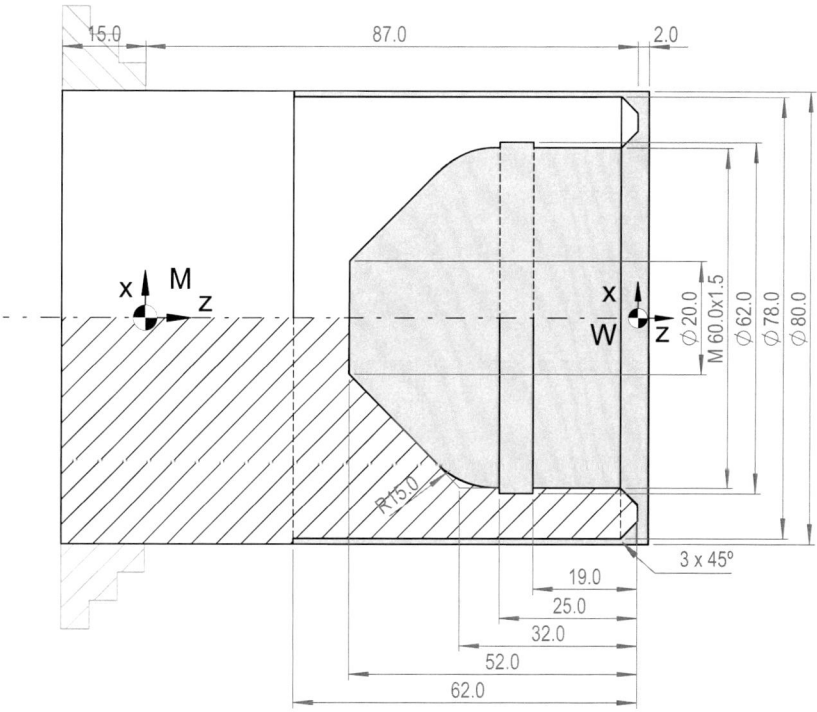

Figura 11.2. Mecanizado y origen de pieza de la subfase 1

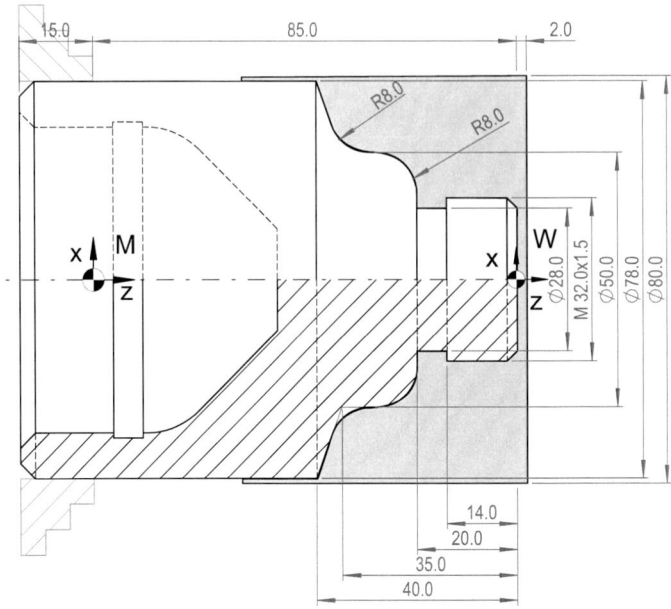

Figura 11.3. Mecanizado y origen de pieza de la subfase 2

11.5. Herramientas y condiciones de corte

Tabla 11.3. Herramientas y condiciones de corte

Descripción	Esquema	Operación	F (mm/rev)	S (m/min)	Prof. Pasada máx. (mm)	
					Eje X	Eje Z
T01 Cilindrado/ refrentado exteriores derecha		Desbaste	0.1	300	1.0	0.5
		Acabado	0.05	300	0.5	0.2
T03 Ranurado exterior		Ranurado	0.04	50		

Continúa en la página siguiente

Descripción	Esquema	Operación	F (mm/rev)	S (m/min)	Prof. Pasada máx. (mm)	
					Eje X	Eje Z
T06 Mandrinado		Desbaste	0.05	300	0.5	-
		Acabado	0.03	300	0.3	0.1
T08 Roscado exterior		Roscado	0.15	60		
T11 Ranurado interior		Ranurado	0.04	50		
T12 Roscado interior		Roscado	0.15	60		
Descripción	Esquema	Operación	F (mm/min)	S (rev/min)	Prof. Pasada máx. (mm)	
					Eje X	Eje Z
T04 Broca puntear D4		Puntear	200	1000	-	4
T07 Broca D10		Taladrado	100	480	-	10
T05 Broca plaquitas D20		Taladrado	50	240	-	10

11.6. Hoja de proceso

Tabla 11.4. Hoja de proceso

F / S / O	Designación	Herram.	Croquis
1 / 1 / 1	Cilindrado de exteriores hasta perfil de pieza partiendo desde el extremo en diámetro 63 mm.	T1	
1 / 1 / 2	Punteado de 3 mm de profundidad	T4	
1 / 1 / 3	Taladrado axial con broca de diámetro 10 mm hasta Z-60.	T7	
1 / 1 / 4	Taladrado axial con broca de diámetro 20 mm hasta Z-60.	T5	
1 / 1 / 5	Mandrinado interior	T6	
1 / 1 / 6	Ranurado interior de 6 mm de ancho.	T11	
1 / 1 / 7	Roscado interior métrica 60 y paso 1.5	T12	

Continúa en la página siguiente

F / S / O	Designación	Herram.	Croquis
1 / 2 / 1	Cilindrado de exteriores hasta perfil de pieza partiendo desde el extremo en diámetro 28 mm.	T1	
1 / 2 / 2	Refrentado de desbaste y acabado eliminando 2 mm en total	T1	
1 / 2 / 3	Mecanizado de una ranura de 6 mm ancho.	T3	
1 / 2 / 4	Roscado de métrica 32 y paso 1.5	T8	

11.7. Programación

Para realizar el roscado es conveniente que la herramienta entre roscando desde fuera del perfil por lo que se coloca el primer punto del roscado en una coordenada fuera de la pieza. El final del roscado también es conveniente que finalice en el aire por lo que se realiza una ranura en para este fin. Esto se ha hecho tanto para el roscado de interiores como de exteriores.

El diámetro del agujero previo para mecanizar el roscado interior se calcula restando el paso a la métrica de la rosca.

$$D = M\acute{e}trica - Paso = 60 - 1.5 = 58.5\ mm \qquad \textbf{Ecuación 11.1}$$

11.7.1. FAGOR 8055T

11.7.1.1. Subfase 1

```
%EJ10_SUBFASE1,MX,
(DGWZ -15,89,0,80)
(MSG "EJERCICIO10_SUBFASE1_8055T")
(ORGX54=0, ORGZ54=87)
```

```
G54
(MSG "1 / 1 / 1")
T01 D01
G95 G96 F0.1 S300 M03
G00 G42 G90 X81 Z4
G68 X63 Z0 C1 D1 L0.5 M0.2 H0.05 S10 E20
G00 G40 X90 Z250
(MSG "1 / 1 / 2")
T04 D04
G94 G97 F50 S500 M03
G00 X0 Z4
G01 X0 Z-3
G00 Z250
(MSG "1 / 1 / 3")
T07 D07
G00 X0 Z4
G83 X0 Z0 I62 B10 D1 K100 H0 C1
G00 Z250
(MSG "1 / 1 / 4")
T05 D05
G00 X0 Z4
G83 X0 Z0 I62 B10 D1 K100 H0 C1
G00 Z250
(MSG "1 / 1 / 5")
T06 D06
F0.03 S150
G00 G41 X19 Z4
G68 X64.5 Z0 C0.5 D0.5 L0.3 M0.1 K0.02 H0.03 S30 E40
G00 G40 X90 Z250
(MSG "1 / 1 / 6")
T11 D11
G95 G96 F0.08 S50
G00 X56 Z3
G00 Z-19
G88 X58.5 Z-19 Q62 R-25 C3 D1 K100
G00 Z250
(MSG "1 / 1 / 7")
T12 D12
```

```
G95 G96 F0.15 S60
G00 X58.5 Z2
G86 X58.5 Z1 Q58.5 R-20 I-0.92 B0.25 E0.08 D-1 C1.5 J0 A29.5
G00 Z250
M05
M30
N10 G01 X72 Z0
G01 X78 Z-3
N20 G01 X78 Z-62
N30 G01 X58.5 Z-3
G01 G36 R15 X58.5 Z-32
N40 G01 X20 Z-52
```

11.7.1.2. Subfase 2

```
%EJ10_SUBFASE2,MX,
(DGWZ -15,87,0,80)
(MSG "EJERCICIO10_SUBFASE2_8055T")
(ORGX54=0, ORGZ54=85)
G54
(MSG "1 / 2 / 1")
T01 D01
G95 G96 F0.1 S300 M03
G00 G42 G90 X81 Z3
G68 X28 Z0 C1 D1 L0.5 M0.2 H0.05 S10 E20
G00 G40 X33 Z2.2
(MSG "1 / 2 / 2")
G82 X-1 Z0 Q-1 R2 C0.5 D0.5 L0 M0.2 H0.05
G00 G40 X90 Z250
(MSG "1 / 2 / 3")
T03 D03
G00 X35 Z-18 F0.04 S50
G88 X32 Z-20 Q28 R-14 C3 D1 K100
G00 X90 Z250
(MSG "1 / 2 / 4")
T08 D08
G95 G96 F0.15 S60
G00 X32 Z4
```

```
G86 X32 Z1 Q32 R-16 I0.98 B0.24 E0.08 D1 C1.5 J0 A29.5
G00 X90 Z250
M05
M30
N10 G01 X32 Z-1.5
G01 X32 Z-20
G01 G36 R8 X50 Z-20
G01 G36 R8 X50 Z-35
N20 G01 X78 Z-40
```

11.7.2. FAGOR 8065T

11.7.2.1. Subfase 1

```
%EJERCICIO_10_TORNO_SUBFASE_1
#DGWZ [-15,89,0,80]
#MSG ["EJERCICIO10_SUBFASE1_8065T"]
V.A.ORGT[1].X=0   V.A.ORGT[1].Z=87
G159=1
#MSG ["1 / 1 / 1"]
T01 D1
G95 G96 F0.1 S300
G00 G42 G90 X81 Z4
G68 X63 Z0 C1 D1 L0.5 M0.2 H0.05 S10 E20
G00 G40 X90 Z250
#MSG ["1 / 1 / 2"]
T04 D1
G94 G97 F50 S500 M03
G00 X0 Z4
G01 X0 Z-3
G00 Z250
#MSG ["1 / 1 / 3"]
T7 D1
G00 X0 Z4
G83 X0 Z0 I62 B10 D1 K100 H0 C1
G00 Z250
#MSG ["1 / 1 / 4"]
T05 D1
```

```
G00 X0 Z4
G83 X0 Z0 I62 B10 D1 K100 H0 C1
G00 Z250
#MSG ["1 / 1 / 5"]
T06 D1
F0.03 S150
G00 G41 X19 Z4
G68 X64.5 Z0 C0.5 D0.5 L0.3 M0.1 K0.02 H0.03 S30 E40
G00 G40 X90 Z250
#MSG ["1 / 1 / 6"]
T11 D1
G95 G96 F0.08 S50
G00 X56 Z3
G00 Z-19
G88 X58.5 Z-19 Q62 R-25 C3 D1 K100
G00 Z250
#MSG ["1 / 1 / 7"]
T12 D1
G95 G96 F0.15 S60
G00 X58.5 Z2
G86 X58.5 Z1 Q58.5 R-20 I-0.92 B0.25 E0.08 D-1 C1.5 J0 A29.5
G00 Z250
M05
M30
N10: G01 X72 Z0
G01 X78 Z-3
N20: G01 X78 Z-62
N30: G01 X58.5 Z-3
G01 X58.5 Z-32
G36 I15
N40: G01 X20 Z-52
```

11.7.2.2. Subfase 2

```
%EJERCICIO_10_TORNO_SUBFASE_2
#DGWZ [-15,87,0,80]
#MSG ["EJERCICIO10_SUBFASE2_8065T"]
V.A.ORGT[1].X=0   V.A.ORGT[1].Z=85
```

```
G159=1
#MSG ["1 / 2 / 1"]
T01 D1
G95 G96 F0.1 S300 M03
G00 G42 G90 X81 Z3
G68 X28 Z0 C1 D1 L0.5 M0.2 H0.05 S10 E20
G00 G40 X33 Z2.2
#MSG ["1 / 2 / 2"]
G82 X-1 Z0 Q-1 R2 C0.5 D0.5 L0 M0.2 H0.05
G00 G40 X90 Z250
#MSG ["1 / 2 / 3"]
T03 D1
G00 X35 Z-18 F0.04 S50
G88 X32 Z-20 Q28 R-14 C3 D1 K100
G00 X90 Z250
#MSG ["1 / 2 / 4"]
T08 D1
G95 G96 F0.15 S60
T08 D1
G00 X32 Z4
G86 X32 Z1 Q32 R-16 I0.98 B0.24 E0.08 D1 C1.5 J0 A29.5
G00 X90 Z250
M05
M30
N10: G01 X32 Z-1.5
G01 X32 Z-20
G01 X50 Z-20
G36 I8
G01 X50 Z-35
G36 I8
N20: G01 X78 Z-40
```

11.8. Geometría definitiva

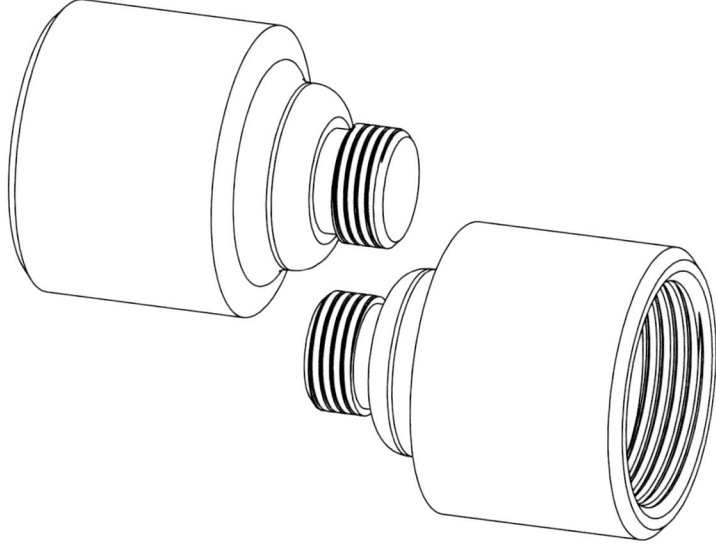

Figura 11.4. Pieza final

Apéndice

Funciones preparatorias

Las funciones preparatorias, también conocidas como *G-Codes* o Códigos G, desempeñan un papel fundamental en la programación CNC, ya que controlan la forma en que la máquina-herramienta ejecuta un trazado o se desplaza sobre la superficie de la pieza en proceso. Estos códigos pueden tomar un valor numérico, y cada uno tiene una función específica. A continuación, se ofrece una breve descripción de todas las funciones disponibles para los controladores Fagor 8055T y 8065T.

La columna "M" indica si la función G es modal, lo que implica que una vez programada, la función G permanece activa hasta que se programe otra función G incompatible, se ejecute M02, M30, se active una EMERGENCIA, se realice un *RESET* o se apague y vuelva a encender el CNC.

La columna "P" indica que la función G es predeterminada, es decir, estas funciones se asumen automáticamente cuando se enciende el CNC, después de ejecutar M02, M30 o en caso de una EMERGENCIA o *RESET*.

Tabla A1. Funciones preparatorias en controladores Fagor

Función G 8055	Función G 8065	Descripción	M	P
00	00	Interpolación lineal rápida a máxima velocidad	✓	✓
01	01	Interpolación lineal velocidad controlada	✓	✗
02	02	Interpolación circular derechas (horaria)	✓	✗
03	03	Interpolación circular izquierdas (antihorario)	✓	✗
04	04	Temporización/Detención de la preparación de bloques	✗	✗
05	05	Trabajo en arista matada	✓	✓
06	06	Centro arco en coordenadas absolutas	✗	✗
07	07	Trabajo en arista viva	✓	✗
08	08	Trayectoria tangente a trayectoria anterior	✗	✗
09	09	Trayectoria circular definida por tres puntos	✗	✗
10	10	Anulación de imagen espejo	✓	✓
11	11	Imagen espejo en X	✓	✗
12	12	Imagen espejo en Y	✓	✗
13	13	Imagen espejo en Z	✓	✗
14	14	Imagen espejo en las direcciones programadas	✓	✗
15		Eje C	✓	✗
16		Selección plano principal por dos direcciones	✓	✗
17	17	Plano principal X-Y y longitudinal Z	✓	✓
18	18	Plano principal Z-X y longitudinal Y	✓	✗
19	19	Plano principal Y-Z y longitudinal X	✓	✗
20		Definición límites inferiores zonas de trabajo	✗	✗
	20	Plano principal por dos direcciones y eje longitudinal	✓	✗
21		Definición límites superiores zonas de trabajo	✗	✗
22		Habilitación/deshabilitación zonas de trabajo	✗	✗
28		Selecciona el segundo cabezal o conmutación de ejes	✗	✗
29		Selecciona el cabezal principal o conmutación de ejes	✓	✓
30		Sincronización de cabezales (desfase)	✓	✗
	30	Preselección de origen polar	✗	✗
	31	Traslado temporal del origen polar al centro del arco	✗	✗
32		Avance F como función inversa del tiempo	✓	✗
33	33	Roscado electrónico de paso constante	✓	✗
34	34	Roscado electrónico de paso variable	✓	✗

Continúa en la página siguiente

Función G		Descripción	M	P
8055	8065			
36	36	Redondeo de aristas	✗	✗
37	37	Entrada tangencial	✗	✗
38	38	Salida tangencial	✗	✗
39	39	Achaflanado	✗	✗
40	40	Anulación de la compensación de radio	✓	✓
41	41	Compensación de radio a izquierdas	✓	✗
41 N		Detección de colisiones	✓	✗
42	42	Compensación de radio a derechas	✓	✗
42 N		Detección de colisiones	✓	✗
45	45	Activar y anular el control tangencial	✗	✗
50	50	Arista matada controlada	✓	✗
51		Look-Ahead	✗	✗
52		Movimiento contra tope	✗	✗
53		Programación respecto al cero máquina	✗	✗
	53	Cancelación de decalaje de origen	✓	✗
54	54	Traslado de origen absoluto 1	✗	✗
55	55	Traslado de origen absoluto 2	✗	✗
56	56	Traslado de origen absoluto 3	✗	✗
57	57	Traslado de origen absoluto 4	✗	✗
58		Traslado de origen aditivo 1	✓	✗
	58	Traslado de origen absoluto 5	✗	✗
59		Traslado de origen aditivo 2	✓	✗
	59	Traslado de origen absoluto 6	✗	✗
60		Ciclo fijo de taladrado / roscado en la cara de refrentado	✗	✗
	60	Arista viva	✗	✗
61		Ciclo fijo de taladrado / roscado en la cara de cilindrado	✗	✗
	61	Arista matada controlada	✗	✗
62		Ciclo fijo de chavetero en la cara de cilindrado	✗	✗
63		Ciclo fijo de chavetero en la cara de refrentado	✗	✗
	63	Roscado rígido	✓	✗
66	66	Ciclo fijo de seguimiento de perfil	✗	✗
68	68	Ciclo fijo de desbastado en el eje X	✗	✗
69	69	Ciclo fijo de desbastado en el eje Z	✗	✗

Continúa en la página siguiente

Función G		Descripción	M	P
8055	8065			
70	70	Programación en pulgadas	✓	✗
71	71	Programación en milímetros	✓	✓
72	72	Factor de escala general y particulares	✓	✗
	73	Giro del sistema de coordenadas	✓	✗
74		Búsqueda automática del cero máquina	✗	✗
75		Movimiento con palpador hasta tocar	✗	✗
76		Movimiento con palpador hasta dejar de tocar	✗	✗
77		Acoplamiento electrónico de ejes	✓	✗
77S		Sincronización de cabezales	✓	✗
78		Anulación del acoplo electrónico	✓	✗
78S		Anulación de la sincronización de cabezales	✓	✗
81	81	Ciclo fijo de cilindrado de tramos rectos	✗	✗
82	82	Ciclo fijo de refrentado de tramos rectos	✗	✗
83	83	Ciclo fijo de taladrado / Roscado con macho	✗	✗
84	84	Ciclo fijo de torneado de tramos curvos	✗	✗
85	85	Ciclo fijo de refrentado de tramos curvos	✗	✗
86	86	Ciclo fijo de roscado en el eje Z	✗	✗
87	87	Ciclo fijo de roscado en el eje X	✗	✗
88	88	Ciclo fijo de ranurado en el eje X	✗	✗
89	89	Ciclo fijo de ranurado en el eje Z	✗	✗
90	90	Programación en coordenadas absolutas	✓	✓
91	91	Programación en coordenadas incrementales	✓	✗
92		Preselección de cotas / Limitación velocidad del cabezal	✗	✗
93		Preselección del origen polar	✗	✗
	93	Especificación del tiempo de mecanizado en segundos	✓	✗
94	94	Velocidad avance en milímetros por minuto	✓	✓
95	95	Velocidad avance en milímetros por revolución	✓	✗
96	96	Velocidad de corte constante	✓	✗
97	97	Velocidad de giro del cabezal en RPM	✓	✓
145		Desactivación temporal del control tangencial	✓	✗
151	151	Programación de las cotas del eje X en diámetros	✓	✗
152	152	Programación de las cotas del eje X en radios	✗	✗
159		Traslados de origen absolutos	✓	✗
	192	Limitación de velocidad de giro	✓	✗

Funciones auxiliares

Las funciones auxiliares se implementan a través del código M, y es posible programar hasta 7 de estas funciones en un solo bloque. Cuando se han programado múltiples funciones auxiliares en un bloque, el CNC las ejecuta de manera secuencial en el mismo orden en el que fueron programadas. A continuación, se enumeran las principales funciones M en los controladores de Fagor.

Tabla A2. Principales funciones auxiliares en controladores Fagor

Función	Descripción
M00	Parada de programa
M01	Parada condicional del programa
M02	Fin de programa
M03	Inicio del giro del husillo a derechas (sentido horario)
M04	Inicio del giro del husillo a izquierdas (sentido anti-horario)
M05	Parada del husillo
M08	Puesta en marcha de refrigerante
M09	Desactivar refrigerante
M25	Abrir plato.
M26	Cerrar plato.
M30	Fin de programa y vuelta al inicio
M41 M42 M43 M44	Cambio de gama de velocidad del cabezal

Perfil teórico de la rosca métrica S.I.

Las tablas muestran la profundidad teórica de las roscas en función del paso. Para cada paso de rosca se muestran las profundidades de las pasadas necesarias y en la última fila se muestra la profundidad total de la rosca que es la suma de las diferentes pasadas que están en las filas superiores.

Las tablas representan la profundidad teórica de las roscas en relación con el paso. Cada columna correspondiente a un paso de rosca y en las filas se muestran las profundidades para cada una de las pasadas necesarias, y en la última fila con datos se muestra la profundidad total de la rosca que es la suma de las pasadas que se encuentran en las filas anteriores.

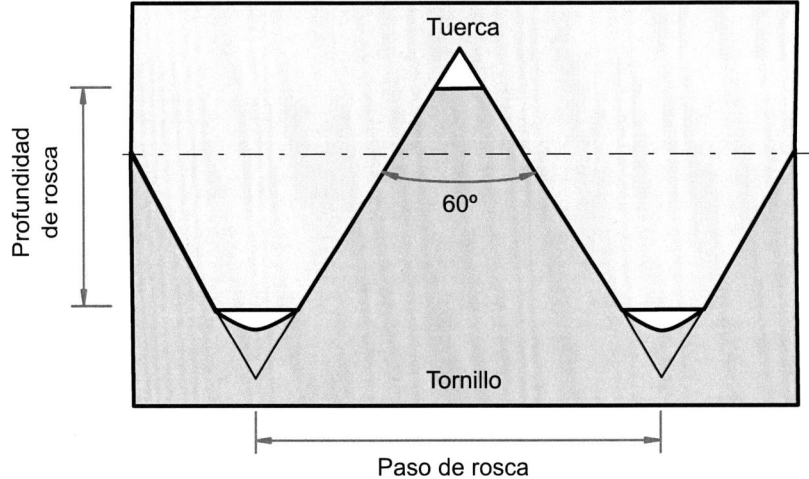

Figura A1. Geometría de una rosca métrica

Tabla A3. Rosca métrica exterior, número de pasadas, profundidad de las pasadas y total

	Rosca ISO métrica exterior												
	Paso de rosca (mm)												
	0.5	0.75	1.0	1.25	1.5	1.75	2.0	2.5	3.0	3.5	4.0	4.5	5.0
N° Pasadas	Penetración radial por pasada (mm)												
1	0.11	0.17	0.19	0.20	0.24	0.22	0.25	0.27	0.28	0.34	0.34	0.39	0.43
2	0.09	0.15	0.17	0.19	0.23	0.21	0.24	0.25	0.26	0.31	0.32	0.36	0.40
3	0.07	0.11	0.13	0.14	0.17	0.16	0.18	0.20	0.21	0.25	0.25	0.29	0.32
4	0.07	0.07	0.11	0.12	0.14	0.14	0.16	0.17	0.18	0.21	0.22	0.24	0.27
5	**0.34**	**0.50**	0.08	0.10	0.12	0.12	0.14	0.15	0.16	0.18	0.19	0.22	0.24
6			**0.68**	0.08	0.08	0.11	0.12	0.13	0.14	0.17	0.17	0.20	0.22
7				**0.83**	**0.98**	0.10	0.11	0.12	0.13	0.15	0.16	0.18	0.20
8						0.08	0.08	0.11	0.12	0.14	0.15	0.17	0.19
9						**1.14**	**1.28**	0.11	0.12	0.14	0.14	0.16	0.18
10								0.08	0.11	0.13	0.13	0.15	0.17
11								**1.59**	0.10	0.12	0.13	0.14	0.16
12									0.08	0.08	0.12	0.14	0.15
13									**1.89**	**2.22**	0.12	0.13	0.15
14											0.08	0.10	0.10
											2.52	**2.87**	**3.18**

Tabla A4. Rosca métrica interior, número de pasadas, profundidad de las pasadas y total

	Rosca ISO métrica interior											
	Paso de rosca (mm)											
	0.75	1.0	1.25	1.5	1.75	2.0	2.5	3.0	3.5	4.0	4.5	5.0
Nº Pasadas	Penetración radial por pasada (mm)											
1	0.17	0.19	0.21	0.25	0.23	0.27	0.28	0.30	0.37	0.36	0.42	0.47
2	0.14	0.16	0.17	0.21	0.20	0.23	0.25	0.26	0.31	0.31	0.36	0.40
3	0.10	0.11	0.13	0.15	0.15	0.17	0.18	0.20	0.23	0.23	0.27	0.30
4	0.07	0.09	0.10	0.12	0.12	0.14	0.15	0.16	0.19	0.20	0.22	0.25
5	**0.48**	0.08	0.09	0.11	0.11	0.12	0.13	0.14	0.17	0.17	0.20	0.22
6		**0.63**	0.08	0.08	0.10	0.11	0.12	0.13	0.15	0.16	0.18	0.20
7			**0.78**	**0.92**	0.09	0.10	0.11	0.12	0.14	0.14	0.16	0.18
8					0.08	0.08	0.10	0.11	0.13	0.13	0.15	0.17
9					**1.08**	**1.22**	0.10	0.10	0.12	0.12	0.14	0.16
10							0.08	0.10	0.11	0.12	0.13	0.15
11							**1.50**	0.09	0.11	0.11	0.13	0.14
12								0.08	0.08	0.11	0.12	0.13
13								**1.79**	**2.11**	0.10	0.12	0.13
14										0.08	0.10	0.10
										2.34	**2.70**	**3.00**

133

Bibliografía

Manual de programación CNC 8055-T. Fagor Automation

Manual de programación CNC 8065. Fagor Automation

CASADO, Felipe (2020). *Mecanizado CNC 4.0* (3ª ed.). Marcombo

CRUZ TERUEL, Francisco (2020). *Control numérico y programación* (3ª ed.) Marcombo

GONZÁLEZ CONTRERAS, Francisco; ROSADO CASTELLANO, Pedro (2020). *Control numérico. Marco y fundamentos* (2ª ed.). Universitat Politècnica de València.

MENDIETA JABARDO, José Luis; LÓPEZ PARDILLO, Pedro Javier (2022). *Mecanizado por control numérico 1* (2ª ed.). Bohodón

MENDIETA JABARDO, José Luis (2023). *Mecanizado por Control Numérico 2*. Bohodón